新版　空の旅の自然学

桑原啓三・上野将司・向山 栄　著

Nature of Japan from Your Airplane Window

古今書院

本書の見方

・本書では、日本列島の地方ごとに、おおよそ北から南に向かって機窓景観を掲載しました。説明の順番は飛行ルートごとにまとめたものではありません。写真の一部には、現在運航されていない路線や国際線から撮影したものもあります。

・各地方の章の初めに、撮影対象を示した位置図を載せました。位置図には、2023年4月現在で定期便の運航が行われている空港・飛行場の場所も示しましたが、地図の縮尺や表示範囲の制約のため記載を省略した空港があります。また、供用中止中または定期便が設定されていない空港と北方領土の空港は除外しました。

・本書の写真には、デジタルカメラで撮影したものとフィルムカメラで撮影したものがあります。またモノクロの写真は赤外線フィルムを使用しています。

・窓を通して見る景観は、色調が自然のままではないこともあります。写真はできるだけ撮影時に見たままの雰囲気を再現するようにしましたが、一部の写真には画像編集ソフトによる明るさや色調の補正を加えたものがあります。

・それぞれの写真には、撮影年月日と発着地の空港の名称を記載しました。一部の空港は通称に従い、札幌飛行場は丘珠、百里飛行場は茨城、東京国際空港は羽田、大阪国際空港は伊丹、美保飛行場は米子と記載しました。
　また左右どちら側の窓から撮影したかを示しましたが、飛行ルートは日々の天候や飛行ルートの混雑の度合いによって変更されるため、同じ路線に搭乗しても本書と同じ景観が見られないことがあります。

・地名や山名などは、できるだけ国土地理院の地理院地図に記された名称を使用しました。

・地形図や位置図で国土地理院の地理院地図を利用して作成したものは、「地理院地図」と付記し、加筆した情報があればその出典を示しました。

・地学の専門用語については、旧来の用語表記が常用漢字による表記に変更されたものがありますが、本書での表記についてはそれぞれの執筆者の考えに従いました（例：熔岩⇔溶岩、侵食⇔浸食）。

・写真のキャプションの末尾に執筆者名を各々のイニシャルで記し、イニシャルの末尾のピリオドを削除しました（桑原啓三 K.K、上野将司 S.U、向山　栄 S.M）。

はじめに

この本は、空の定期便の窓側席から撮影した日本の地学的風景の写真に、短い解説を加えたものです。著者たちは、仕事上、飛行機で移動する出張なども多く、行き帰りの機窓から風景が物語ることを読み解くのは、本業を支えるささやかな楽しみにもなっています。そこで飛行機に乗るときに欲しいと思っていた本を、また自分たちで作りました。

旅客機の小さな窓の外には、10000 メートルの高空ならではの世界が広がっています。見下ろす空には雲が浮かび、地表は光と陰が綾なす大気のヴェールの彼方にあります。長い地球の歴史の中で、地表の地質や地形の形成も動植物の進化も、大気の底の陸地や海で営まれてきました。またこのような環境の中で、人間も自然を利用し、時には改変の手を加えながら様々な構造物を作り上げました。空から眺める風景に大気の厚みを感じながら、地表の環境とその変化、さらには人類の営みに思いを巡らすことは、他に代えがたい体験であるように思われます。

著者たちは、フライトの目的地や搭乗する便を自由には決められませんでしたが、できるだけ窓側の座席を取り、カメラもアングルも光線の加減も念入りには選べない中で、その日の幸運に恵まれて出会った風景を写真に収めました。そういうわけで、飛行機に搭乗する誰もが、この本で採り上げたような機窓の景観や、さらに面白い風景を目にする機会がきっとあるでしょう。

地上での長距離の旅は、鉄道も自動車も高速化・直線化してトンネル区間も多くなり、まわりをよく眺めるという習慣はすたれつつあるように思います。風景をゆっくり眺めるには、いまや空の旅が一番なのかもしれません。

目　次

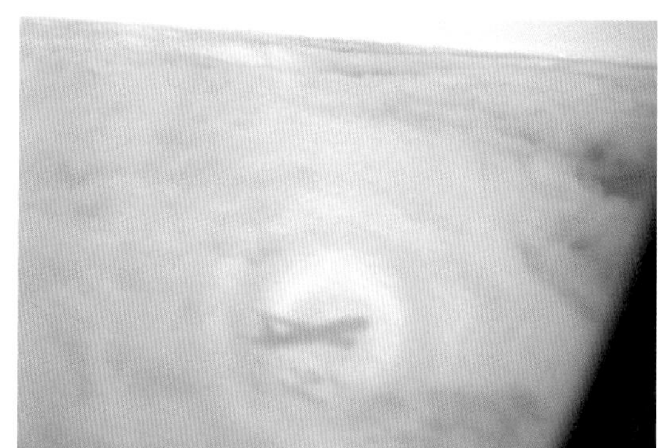

I　北海道

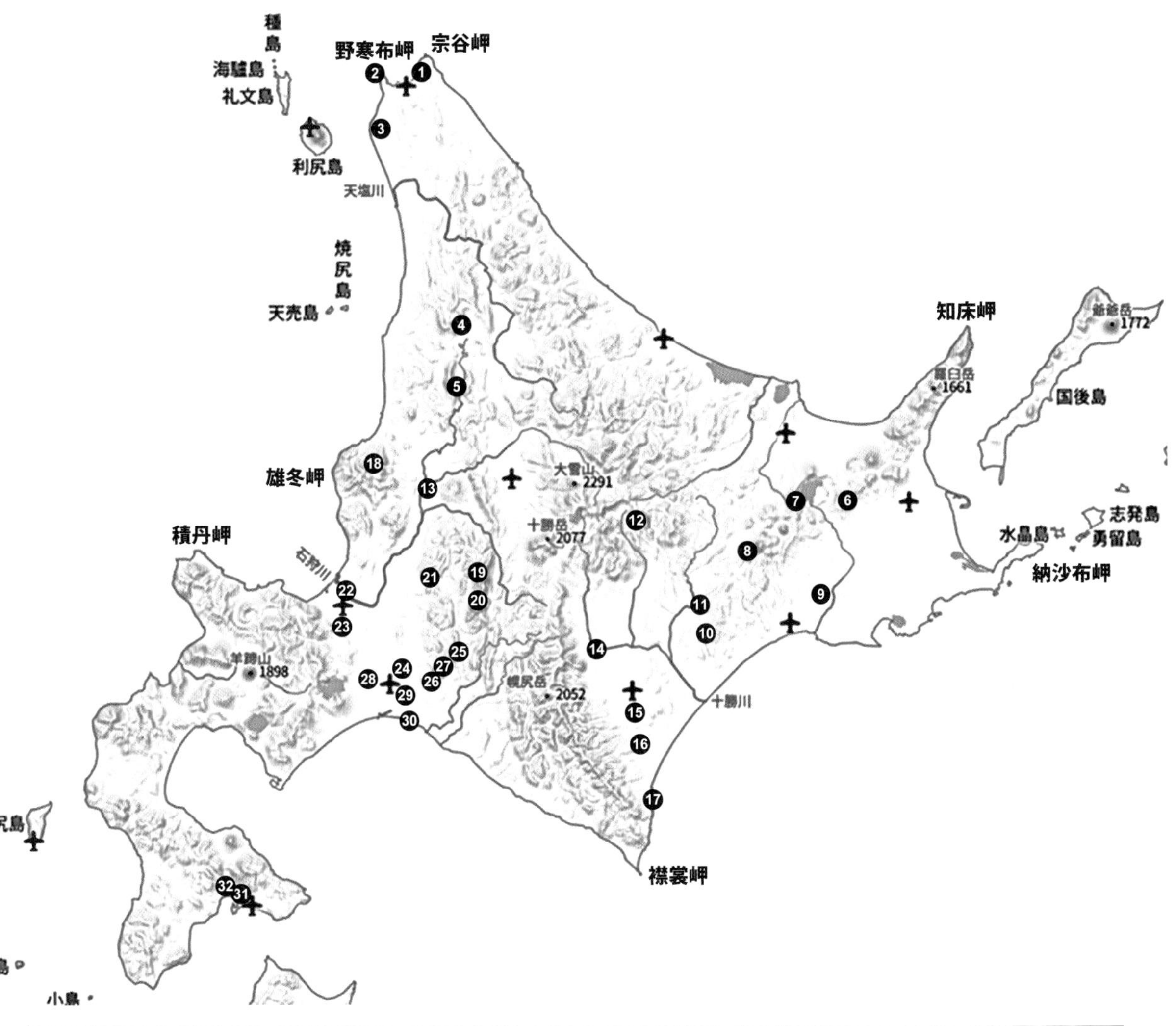

1	宗谷岬と稚内空港	2	波食棚が取り巻く野寒布岬
3	利尻岳と冬のサロベツ原野　原生花園	4	朱鞠内湖とピッシリ山
5	名寄盆地と三頭山	6	晴れの摩周湖
7	全面結氷の屈斜路湖	8	活発な火山活動の雌阿寒岳
9	川の始まり根釧原野	10	釧路地方白糠丘陵
11	十勝地方本別町	12	石狩岳と大雪山旭岳
13	大雪山・十勝連峰と旭川盆地	14	十勝平野の段丘
15	晩雪の十勝平野　防風林と日高山脈	16	日高山脈東麓の段丘（光地園面）
17	日高山脈南部の山々と十勝港	18	厳冬の暑寒別岳
19	二つに割れたような夕張山地	20	夕張山地　芦別岳
21	恐竜の足跡のような桂沢湖	22	石狩川下流
23	札幌市夜景　白石付近上空	24	傾く馬追丘陵
25	鵡川町穂別付近の組織地形	26	胆振東部地震の被災地
27	胆振東部地震の被災地（厚真町）	28	支笏火山
29	早春のウトナイ湖	30	苫東厚真火力発電所　200m 煙突からの排煙
31	函館山と函館港	32	函館　五稜郭跡

❶ 宗谷岬と稚内空港：2006 年 12 月 20 日　羽田→稚内（左窓）　S.M
S 宗谷岬、W 稚内空港

稚内空港は、宗谷湾岸に沿う浜堤の上にあります。着陸の前には低高度での旋回を繰り返す間に、稚内市街地や北海道の最北端、宗谷岬などを間近に眺めることができます。宗谷岬はかつて森林に覆われていましたが、明治時代の山火事や伐採などで笹原化したようです。2005 年からは宗谷岬ウィンドファームの風車（支柱の高さ約 70m）が立ち並ぶようになりました。

❷ 波食棚が取り巻く野寒布岬：2008 年 2 月 28 日　羽田→稚内（左窓）　S.M
N 野寒布岬（のしゃっぷみさき）

野寒布岬は、宗谷岬と並んで北海道の北端部にありますが、約 50km 西方の礼文島の最北端よりは少し南に位置しています。海岸沿いの平地となっている低い段丘面には集落が分布し、その山側には海食崖が急斜面を連ねています。海岸に沿って沖合に白波が連続する場所は、海中にある波食棚の沖側末端部で、地形図では隠顕岩（いんけんがん）の記号が描かれています。

❸ 利尻岳と冬のサロベツ原野　原生花園：2007 年 2 月 21 日　羽田→稚内（左窓）　S.M
R 利尻岳（1721m）、W 稚咲内（わかさかない）砂丘林、G 原生花園

利尻岳は、約 13 万年前に活動を開始した火山です。4 万年前ごろに活発に噴火して火山体を成長させた後、噴火活動は山麓に移動し、最新の噴火は数千年前にあったようです。北海道本島の海岸沿いには、砂丘列の中にトドマツやエゾマツの天然林や池沼が分布する稚咲内砂丘林が黒い帯となって見えています。雪原中央の林地付近には、サロベツ原野の原生花園があります。

❹ 朱鞠内湖とピッシリ山：2006 年 2 月 20 日　羽田→稚内（右窓）　S.M
Sh 朱鞠内（しゅまりない）湖、U 雨竜川、T 天塩川、P ピッシリ山（1031.5m）

写真中央部の雪面は、朱鞠内ダム湖です。湖の右端付近には、戦時中の 1943 年に竣工した重力式コンクリートダムの雨竜第一ダムがあります。堤高は 45.5m と低いのですが、ダム湖の湛水面積 23.73km^2 は現在も日本一です。ダムのある雨竜川は石狩川の流域ですが、発電所は約 140m の落差を稼ぐために約 7.2km 離れた天塩川流域の低所に建設され、そこまでは導水トンネルで送水されています。写真手前は天塩山地の主稜で、白いたおやかな円頂がピッシリ山です。

❺ 名寄盆地と三頭山：2006 年 2 月 20 日　羽田→稚内（右窓）　S.M

S 三頭山（さんとうさん）（1009m）、U 雨竜川、Si 士別市街、Ue ウエンシリ岳、Sk 渚滑岳（しょこつ）、T 天塩岳、N ニセイカウシュッペ山

三頭山は天塩山地の数少ない 1000m 峰の 1 つです。山稜越しに白い帯となって見えるのが、かつて JR 深名線が通っていた雨竜川の低地、さらに奥手の広い雪原が名寄盆地の南半部です。盆地内の左手には士別市の市街が見えます。遠景には、左にウエンシリ岳、中央付近に渚滑岳と天塩岳、右にはニセイカウシュッペ山周辺の峰々が並んでいます。

❻ 晴れの摩周湖：2004 年 3 月 15 日　丘珠→中標津（左窓）　K.K

M 摩周湖（19.2km^2）、K カムイヌプリ（857m）

摩周湖は、約 7000 年前の噴火によってできたカルデラ湖で、その後湖の南東にカムイヌプリが活動しました。摩周湖は流入、流出河川のない閉塞湖です。透明度が日本で最も高く、水の色も摩周ブルーとして知られています。冬は晴れの日が多いのですが、6・7 月は霧で半分程度しか湖面が見えないようです。

❼ 全面結氷の屈斜路湖：2023 年 3 月 6 日　羽田→ 女満別（右窓）S.U
K 屈斜路湖、W 和琴半島、N 中島（355m）、A アトサヌプリ（硫黄山 508m）、S 斜里岳（1547m）、Si 知床連山、B 美幌峠、Ku 釧路川

湖は約 4 万年前の火山活動で生じたカルデラ内に形成された日本最大のカルデラ湖です。カルデラ形成後の火山活動で中島やアトサヌプリなどができました。和琴半島は小さな火山の島が砂州で湖岸とつながった陸繋島(りくけいとう)です。湖水は写真右端から釧路川から流出し、写真左端の美幌峠からは湖全体が見渡せる展望台があります。

❽ 活発な火山活動の雌阿寒岳：2004 年 3 月 15 日　丘珠→中標津（左窓）K.K
P ポンマチネシリ（1499m）、F 阿寒富士（1476m）、A 阿寒湖

雌阿寒岳は主峰ポンマチネシリや阿寒富士などの複数の火山からなる総称で、千島弧火山フロント上にあり、記号 P の左側の噴煙で分かるように活発に火山活動をしています。写真からやや外れますが、写真右上の特別天然記念物マリモで有名なカルデラ湖の阿寒湖を挟んで、雄阿寒岳があります。

2006.06.15　敦煌→西安（左窓）

❾ 川の始まり根釧原野：2004 年 3 月 15 日　中標津→丘珠（左窓）　K.K

北海道東部の根釧原野はカムイヌプリや雌阿寒岳などの火山灰で覆われ、平坦地形をなしています。そこに釧路川などの支川の源頭部があります。中国黄河上流の黄土高原（右写真）にも同じような景色が見られます。地形輪廻の最初の状態（幼年期地形）であり、中部地方の美濃三河高原（中部 39 参照）や中国地方の吉備高原（中国 3 参照）も幼年期地形と云われています。

❿ 釧路地方白糠丘陵：2001 年 10 月 20 日
丘珠→釧路（左窓）　K.K

2007 年 4 月 7 日　成都→桂林（左窓）

白糠丘陵には小さな谷が直線状に南北に連なり、竜骨状の模様をつくっています。これは古第三紀の砂岩、礫岩、泥岩からなる地層が南北（写真では上下）に延びることによってつくられたものです。中国の重慶市付近にはもっと大規模に同じような地形が見られます。

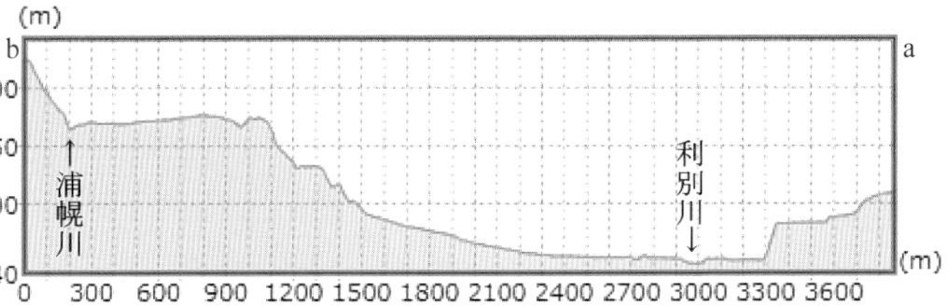

地理院地図

⓫ 十勝地方本別町：2004 年 3 月 15 日　中標津→丘珠（左窓）　K.K
H 本別町、U 浦幌町、T 十勝川、To 利別川（としべつ）

本別町西を流れる利別川は標高 50m 弱のところを流れており、一方南（写真左手）の浦幌町を流れる浦幌川は標高 170m 付近を流れています。利別川は浦幌川のある台地を浸食し、いずれ浦幌川は利別川に流れるようになる（河川争奪）でしょう。

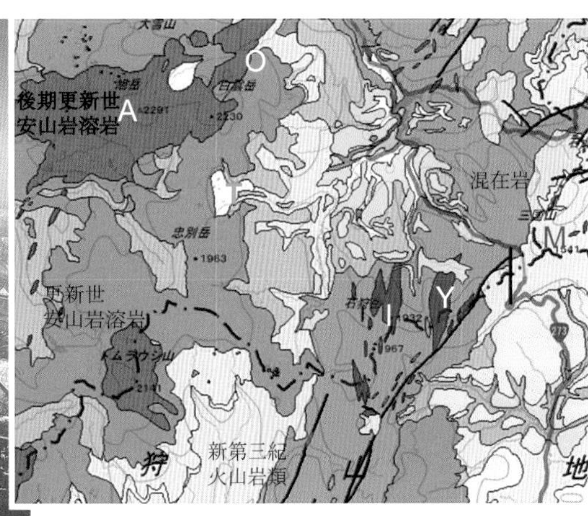

地理院地図、シームレス地質図

⓬ 石狩岳と大雪山旭岳：2005 年 12 月 4 日　丘珠→中標津（左窓）　K.K
I 石狩岳（1967m）、A 旭岳（2291m）、Y ユニ石狩岳（1756m）、O 雄滝の沢、T 大雪高原温泉、三国山（1541m）

大雪山系は旭岳を最高峰とする火山ですが、石狩岳、ユニ石狩岳と東西に延びる山脈は中生代の混在岩が分布します。大雪山東斜面の雄滝の沢や南東の大雪高原温泉付近の標高 1200 ～ 1300m には新第三紀の火山岩類が分布しており、火山体はこれを覆ったかさぶたのようなものです。この写真の右端からややはずれた三国山に北海道主部をオホーツク海、太平洋、日本海と 3 方向に分ける北海道大分水点があります。

⑬ 大雪山・十勝連峰と旭川盆地：2006 年 2 月 20 日　羽田→稚内（右窓）　S.M
N ニセイカウシュッペ山、Ta 大雪山、Tm トムラウシ山、O オプタテシケ山、To 十勝岳、F 富良野岳、I 石狩岳、Np ニペソツ山、U ウペペサンケ山、Fk 深川市、Is 石狩川、K 神居古潭（かむいこたん）、A 旭川市

右側の機窓いっぱいに、北海道中央高地の全景が広がりました。写真下の雪原は石狩平野の最北端で、中央に深川市の市街地があります。石狩川を遡ると神居古潭の狭窄部を経て、旭川の市街地がある上川盆地が広がります。遠景には、左からニセイカウシュッペ山・武利岳周辺の峰、大雪山、中央付近に化雲岳とトムラウシ山、その右に十勝連峰が続き、それらの背後には石狩山地の高峰が並んでいます。

⑭ 十勝平野の段丘：2001 年 3 月 13 日　新千歳→釧路（左窓）　S.M
O オプタテシケ山、Tm トムラウシ山、Ta 大雪山、N ニセイカウシュッペ山、I 石狩岳、Np ニペソツ山、U ウペペサンケ山、Sh 然別（しかりべつ）火山、T 十勝川

釧路行きのプロペラ機から見下ろした 3 月の十勝平野です。画面中央に弧を描く台地の表層には、約 100 万年前の巨大噴火による火砕流堆積物を覆って広がった扇状地の砂礫層が分布し段丘面を形成しています。台地を削剥した谷底低地の中で蛇行を繰り返すのが十勝川です。台地を縁取る段丘崖や河川敷の黒々とした樹林や、耕作地を格子状に区切る道路面の黒さに、春の訪れが感じられます。遠景には、十勝連峰北部の山々、大雪山、石狩山地の山々が連なり、平野の縁には然別火山群の溶岩円頂丘が並んでいます。

⑮ 晩雪の十勝平野　防風林と日高山脈：2003 年 4 月 22 日　羽田→帯広（左窓）　S.M
T トヨニ岳、P ピリカヌプリ、S ソエマツ岳、K カムイ岳、Pe ペテガリ岳、R ルベツネ山、
Y ヤオロマップ岳

大平原を格子状に区切る耕作地と、それらを縁取る防風林は北海道を代表する風景の 1 つです。帯広空港滑走路の南方約 8 km の地点からは、更別村南 6 線の道沿いの防風林が望めます。十勝平野の中では比較的規模が大きい幹線防風林で、長さ約 8.8 km、幅約 80m あり、開拓以前の一面の森林に覆われていた十勝平野の面影をわずかに留めています。画面の中ほどを左右に横切る国道 236 号沿いには、かつて国鉄広尾線が走っていました。遠景の山々は、日高山脈中部の主稜線です。

⑯ 日高山脈東麓の段丘（光地園面）：2002 年 11 月 4 日　羽田→帯広（左窓）　S.M
T 大樹町、R 歴船(れきふね)川、K 光地園(こうちえん)面、H 日高山脈

帯広空港に向かって降下中の飛行機が、大樹町市街の上空を通過する頃、日高山脈の山麓にある、緩やかな傾斜の丘陵地が目に入ります。その一部は、平坦な牧草地になっています。この地形は、日高山脈から河川が運んだ土砂によって、約 70 万年前に形成された扇状地の名残です。山脈の隆起と共に、浸食が進んで谷は深くなり、丘陵には小さな谷が幾重にも入り込んで、平坦な扇状地面の大部分は失われました。この扇状地が形成した地形面は、十勝平野周辺では最も古い段丘面の 1 つで、地名をとって光地園面と呼ばれています。

⑰ 日高山脈南部の山々と十勝港：2003 年 4 月 22 日　羽田→帯広（左窓）　S.M
R 楽古岳、T 十勝岳、N 野塚岳、Ty トヨニ岳、P ピリカヌプリ、H 広尾市街

5 月も間近い春の新雪に覆われた日高山脈南部の山々と広尾町の市街です。広尾では 5 月の中旬まで 10㎝程度の降雪日の記録があります。市街地がある一帯は平坦に見えますが、実際には 10/1000 を超える勾配で海側に傾斜した扇状地面の一部です。扇状地の海側に広がっていた部分は浸食で失われ、海岸に連続する高さ 25 ～ 30m の海食崖が市街地と港湾の敷地とを隔てています。十勝港は、長大な防波堤の根元の岩礁付近にあった港から築港が進み、現在は北海道の農産物を海上輸送する重要拠点となっています。

⑱ 厳冬の暑寒別岳（1492 m）：2008 年 2 月 8 日　丘珠→稚内（左窓）　S.M
S 暑寒別岳、G 群別岳、H 浜益岳、O 雄冬岳、U 雨竜沼湿原、E 恵岱岳

暑寒別岳は、北海道南西部から札幌付近まで連なる火山群から 50km 以上も北に離れ、独立した火山体を形成しています。最高峰はひときわ白く輝く暑寒別岳です。その背後には、群別岳、浜益岳などの鋭い山襞を見せる峰が連なり、その延長は雄冬岳から日本海に落ち込む急崖となっています。写真手前の急崖に縁どられた台地は恵岱岳、その奥には雲のかかる雨竜沼湿原があります。

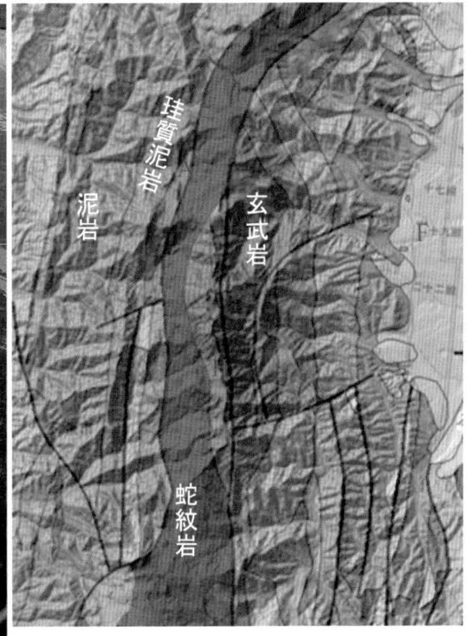

地理院地図、シームレス地質図

19 二つに割れたような夕張山地：2005 年 12 月 4 日
丘珠→中標津（左窓） K.K

A 芦別岳（1726m）、H 鉢盛山（1453m）、F 富良野盆地

夕張山地は山頂部が二つに割れたような不思議な山容をしています。地理院地図で見ると蛇紋岩を中心として両側に玄武岩、珪質泥岩、泥岩と配列しています。この配列は中央ののっぺりとした地形を造る蛇紋岩を軸として両側が垂れ下がった尾根状の構造（背斜構造）の頭部が浸食されてできたことを示しています。

20 夕張山地　芦別岳（1726.1m）：2009 年 4 月 16 日　新千歳→旭川（右窓）　S.M
Me 夫婦岩、B 屏風岩、A 芦別岳、K 小天狗、N 中岳、S シューパロ岳、Kg 岾山（きりぎし）

スカイマークが旭川に就航していた一時期、新千歳空港から旭川空港を経由してそのまま羽田空港に向かう便があり、新千歳から旭川への短いフライトで夕張山地の主峰芦別岳を間近に望むことができました。芦別岳の周辺には、岩峰をなす山が目立ちます。夫婦岩から続く芦別岳頂稜と、その背後の屏風岩、それらの手前側には、蛇紋岩が分布する緩斜面帯を挟んで、2 万 5 千分の 1 地形図には山名の記載がない、小天狗の南北双耳峰・中岳・シューパロ岳の岩壁群が左右に立ち並んでいます。

㉑ 恐竜の足跡のような桂沢湖：2005 年 12 月 4 日　丘珠→中標津（左窓）　K.K
K 桂沢湖（4.99km^2）、I 石狩川

桂沢湖は、北海道最初の多目的ダムである桂沢ダム（重力式コンクリートダム、堤高 63.6m）によってできた人造湖です。貯水池周辺の地質は中生代白亜紀の蝦夷層群の泥岩からなり、低平な山並です。この地層からアンモナイトや三笠竜などの恐竜の化石が多く見つかっています。現在、総貯水容量を 1.6 倍弱にするために堤高 75.5m にするかさ上げ工事が行われています（2024 年完成予定）。

㉒ 石狩川下流：2005 年 10 月 13 日　丘珠→釧路（右窓）　K.K
I 石狩川、B 茨戸(ばらとがわ)川

石狩川は明治 31 年に大きな洪水に見舞われたため、蛇行していた河道を放水路の建設によって直線的にされました。そのため、旧石狩川は茨戸川や三日月湖として残っています。写真中央から左下に延びる市街地は昭和 60 年ごろまでは三日月湖の内側と同じような田畑でしたが、その後開発され現在の姿となっています。

㉓ 札幌市夜景　白石付近上空：2007 年 2 月 21 日　稚内→丘珠（左窓）　S.M
S 札幌駅、M 藻岩山スキー場、B 盤渓スキー場、O 大倉山ジャンプ競技場

丘珠空港への夜の着陸では、札幌市近郊の夜景を楽しめます。写真右手が札幌市の中心市街地で、東西方向の直線道路が明るい光の帯になっています。遠景の闇に浮かぶのは、左から、藻岩山、盤渓のスキー場、大倉山ジャンプ競技場のナイターの照明です。大都市の夜景が華やかになる時間帯は、繁華街には灯がともり、オフィス街の灯はまだ消えず、車の通行量が多い頃です。

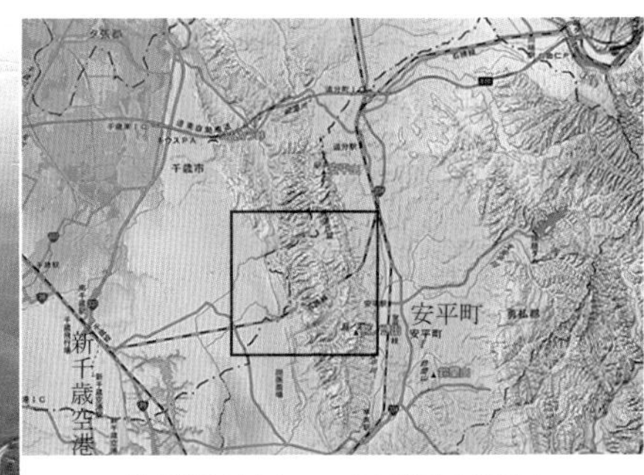

地理院地図　　□が写真範囲

㉔ 傾く馬追丘陵：2004 年 7 月 5 日　羽田→新千歳（左窓）　K.K
S 石勝線、J 陸上自衛隊安平（あびら）駐屯地、C 新千歳空港

千歳空港の東の南北に延びる馬追丘陵は、2 列の稜線を持ち、丘陵東には安平の低地があります。安平の低地は河川の大きさに比べて谷幅の広いいわゆる無能谷で、馬追丘陵も東側斜面は緩やかであるのに対し、西側は急斜面となり、非対称になっています。これは安平の低地を含む馬追丘陵が西に傾いて（傾動）いるためで、現在北に流れている夕張川はかつて安平の低地を南に流れていたと思われます。

㉕ 鵡川町穂別付近の組織地形：2021 年 11 月 5 日　女満別→新千歳（右窓）　S.U

新第三紀中新世の堆積岩が分布する地域で、手前に延びる尾根の方向が地層の走向です。尾根に直交する多数の平行する谷筋は地層の傾斜方向ですが地層の傾斜角とは一致していません。

㉖ 胆振東部地震の被災地：2018 年 10 月 19 日　新千歳→羽田（左窓）　S.U
H 早来町、A 厚真町、Y 夕張山地

厚真町の左手に続く丘陵には 2018 年 9 月の胆振東部地震で発生した多数の崩壊跡が見えます。丘陵の地質は新第三紀中新世の堆積岩であり、これを毛布のように薄く覆った火山灰層が数 m 以下の厚さで樹木と共に滑り落ちたものです。

❷❼ **胆振東部地震の被災地（厚真町）**：2021 年 11 月 5 日　女満別→新千歳（右窓）　S.U

胆振東部地震の発生 3 年後の表層崩壊跡の様子です。すべり落ちた火山灰層や樹木は除去されていますが、崩壊跡の斜面には植生が戻っていません。

❷❽ **支笏火山**：2018 年 10 月 19 日　新千歳→羽田（左窓）　S.U
T 樽前山（1024m）、F 風不死岳（1103m）、E 恵庭岳（1320m）

新千歳空港から北に向けて離陸した際の支笏火山の山々です。これらの山に囲まれて支笏湖がありますが写真では湖面は見えません。支笏湖は 4.4 万年前の巨大噴火で形成されたカルデラに湛水した湖で、手前はカルデラからの噴出物で形成された広大な火砕流台地です。

❷❾ 早春のウトナイ湖：2007 年 3 月 1 日　羽田→新千歳（右窓）　S.M
B 美々川、Ch 千歳線下り線、M 室蘭本線

ウトナイ湖は新千歳空港の南方にあり、離着陸の際に間近に見下ろすことができます。現在は海岸から約 7 km 離れた内陸にありますが、もとは陸際にあった浅海域が海水準の低下により外海と遮断され、淡水湖となった海跡湖です。湖面は原野の開発を免れたわずかな湿地に囲まれていて、渡り鳥の旅の貴重な中継地になっています。結氷が解ける 3 月には、本州方面から北に帰る鳥たちの寄留が始まります。湖に流入する美々川の湖面に突き出した三角州の沖に、白い粉を散らしたように見えるのは、白鳥の群れのようです。

❸⓿ 苫東厚真火力発電所　200m 煙突からの排煙：2006 年 2 月 21 日　新千歳→羽田（左窓）　S.M
H 日高山脈（幌尻岳：2052m）、T 苫東厚真（とまとうあづま）火力発電所

この日は南風が吹いて 4 月中旬の暖かさになり、地表面付近には大気の逆転層が生じて、冬には珍しく海霧が発生したようです。一面に広がる低い雲海の上に、よく見ると 2 条の白煙が風にたなびいているのが目に留まりました。この白煙は、海岸にある北海道電力苫東厚真火力発電所からの排煙と思われます。発電所は 1980 年代に建設され、環境保全対策のため、排煙は脱硫などを行った上で高さ 200m の煙突から放出し、大気中で十分に希釈拡散されるように設計されました。

31 函館山と函館港：2022 年 6 月 1 日　函館→羽田（右窓）　S.U
H 函館山、Hk 函館港、T 太平洋セメント桟橋

函館市街地は北海道渡島半島と離れていた函館山（標高 334m）をつないだ砂州の上に立地します。沿岸流で運ばれる漂砂が堆積した砂州により北海道と函館山を陸続きにしました。この砂州の地形をトンボロ（陸繋(りくけい)砂州）、函館山のように陸続きになった島を陸繋島と言います。

雨模様の函館空港をプロペラ機で離陸すると、すぐに五稜郭跡の上空を通過しました。五稜郭は、幕末期の幕府奉行所を兼ねた要塞として、近世ヨーロッパの城郭を参考に設計され、1866 年に完成しました。海上からの攻撃を避けるため、海岸から約 2.5km 離れた内陸に建設されていますが、1869 年の箱館戦争では、五稜郭を占拠した旧幕軍は新政府軍の軍艦からの砲撃を受けました。写真右上の海岸から海上に延びる構造物は、太平洋セメント上磯工場の全長 2km の桟橋で、出荷する製品は工場からベルトコンベアに載せて運ばれています。

32 函館　五稜郭跡：2010 年 10 月 15 日　函館→丘珠（右窓）　S.M
G 五稜郭、Hk 函館港、T 太平洋セメント桟橋

コラム：融雪剤の散布

新千歳空港への着陸体勢にはいった機体が滑走路に向けて南風の中を旋回すると、白い大地に描かれた春の地上絵がありました。北海道千歳市の周辺では、冬の間 30 ㎝を超していた積雪が、3 月半ばになると急速に少なくなり、融雪剤散布の時期を迎えます。

ブラックカーボンと肥料を混合した融雪剤は太陽熱を吸収し、雪解けを 1～2 週間早めて土を乾かしてゆきます。手撒き散布時代にはあったという花模様は現在では見られませんが、トラクターやスノーモービルで描いた直線の多い幾何学模様からも、何かが動き出すような春の気分が感じられます。(S.M)

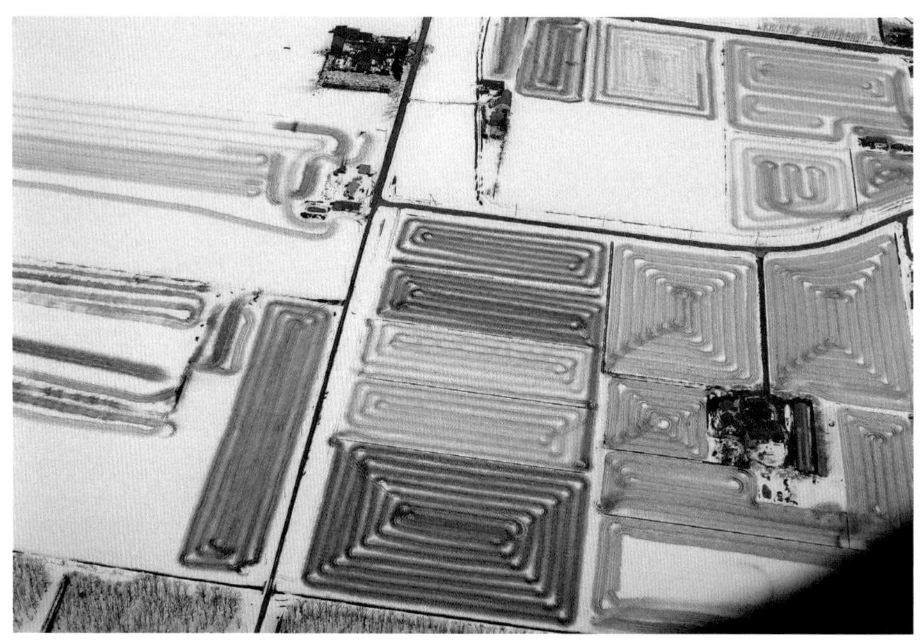

写真上・下　融雪剤の散布：2005 年 3 月 22 日　羽田→新千歳

Ⅱ　東北地方

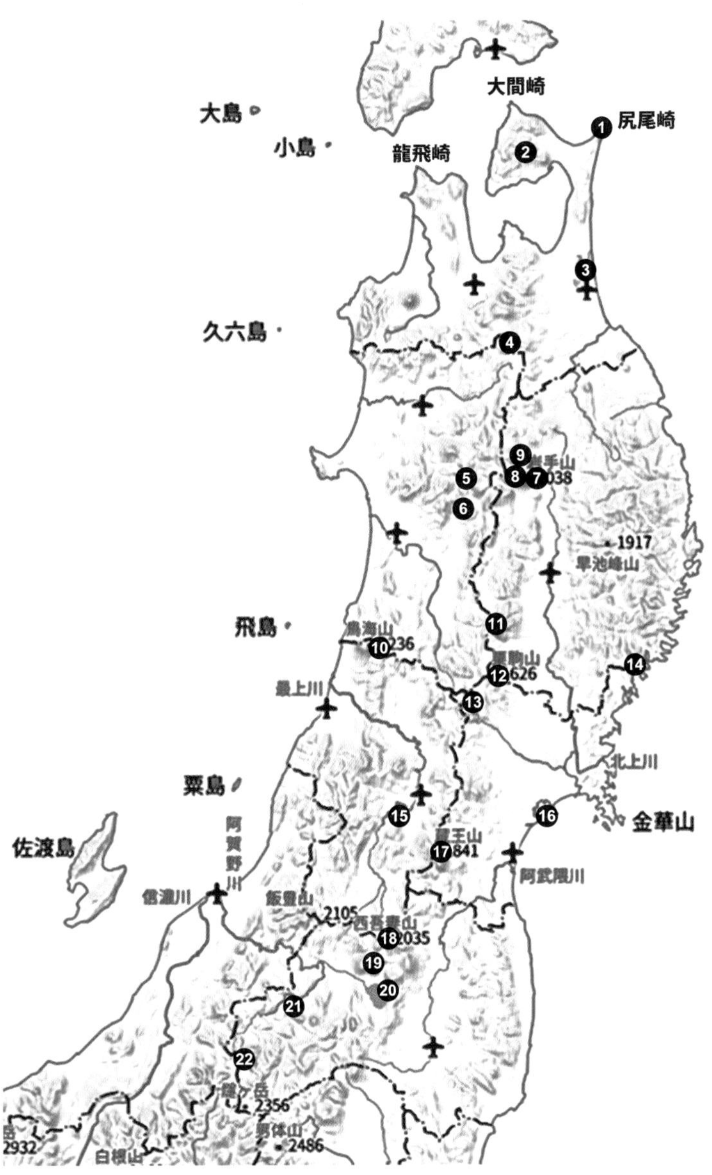

1　下北半島の尻屋崎
2　下北半島　恐山山地
3　小川原湖と淋代海岸、三沢飛行場
4　十和田湖
5　田沢湖北の宝仙湖
6　田沢湖
7　岩手山と八幡平
8　岩手山　西岩手カルデラ
9　岩手山と松川地熱発電所
10　象潟を作った鳥海山
11　奥羽山脈　焼石岳
12　奥羽山脈　栗駒山と荒砥沢地すべり
13　鬼首カルデラ
14　三陸海岸陸前高田
15　最上川・寒河江川
16　松島は巨大地すべりか
17　蔵王　御釜火口
18　吾妻連山
19　磐梯山
20　猪苗代湖と磐梯山・飯豊山地遠望
21.　沼沢湖と御神楽岳・只見川：
22　越後山脈最深部の奥只見湖

❶ 下北半島の尻屋崎：2008 年 8 月 6 日　新千歳→羽田（右窓）　S.U
S 尻屋崎、M むつ市、W ウィンドファーム（風車群）

青森県の北東端に位置し津軽海峡越しに北海道を望む尻屋崎。発電用の多数の風車が設置され、その右手の海岸寄りには中生代ジュラ紀〜白亜紀の石灰石を採掘する鉱山があります。左下の海岸は太平洋に面し砂丘が発達します。

❷ 下北半島　恐山山地：2000 年 10 月 31 日　新千歳→羽田（右窓）　K.K
K 釜臥山（かまふせやま）（878m）、U 宇曽利山湖

恐山山地はカルデラ湖である宇曽利山湖を中心とし、南側の釜臥山を主峰とする火山で、最近の 1 万年の活動を示す証拠はありませんが、地熱や噴気活動は盛んです。記号 U 付近には高野山、比叡山と並ぶ三大霊場の 1 つである恐山霊場で有名な恐山菩提寺があります。

❸ 小川原湖と淋代海岸、三沢飛行場：2006 年 2 月 20 日　羽田→新千歳（右窓）　S.M
S 淋代(さびしろ)海岸、M 三沢飛行場

小川原湖は海岸沿いの海跡湖で、水産資源が豊富な汽水湖として知られています。太平洋との間は三沢台地によって区切られています。台地の太平洋側の直線的な砂浜は、広く平坦で、粘土と砂が適度に混合し硬く締まっている特徴があります。そのため、淋代海岸の砂浜は、1931 年に世界初の太平洋無着陸横断飛行に成功したミス・ビードル号の出発地になりました。燃料タンクを増加した重い機体が離陸するには 2000m を超す滑走路が必要で、それを当時の飛行場では確保できなかったからです。三沢飛行場は、1941 年に建設され、現在はアメリカ空軍･航空自衛隊･民間航空が共同使用している空港です。滑走路の長さは約 3000m あります。

❹ 十和田湖：2023 年 2 月 15 日　羽田→紋別（左窓）　S.U
O 御倉山（690m）、Ne 子ノ口(ねのくち)、Na 中山半島

十和田八幡平国立公園に位置するカルデラ湖で最大水深は 327m、子ノ口から奥入瀬川が流出しています。十和田火山の噴火は 22 万年前ごろより始まり、巨大噴火に伴うカルデラの形成を経て、最も新しい 915 年の噴火は日本で起きた過去 2000 年間の噴火で最大規模（VEI 5）のものです。この時の火山灰は遠く京都にまで達したとされています。

❺ 田沢湖北の宝仙湖：2006 年 10 月 16 日　羽田→新千歳（左窓）　K.K
T 玉川ダム、O 男神山（858m）、Y 鎧畑ダム

宝仙湖は玉川ダム（重力式コンクリートダム、堤高 100m）で造られた人造湖です。玉川ダムは超固練りのコンクリートをダンプトラックで運搬し、振動ローラーで締め固める RCD 工法で建設されました。写真外ですが、上流には強酸性（pH1.1）の玉川温泉があります。

❻ 田沢湖：2006 年 10 月 16 日　羽田→新千歳（左窓）　K.K
T 玉川、Y 鎧畑ダム

田沢湖（25.8km^2）は最大水深 423m のカルデラ湖で、日本で最も深い湖です。かっては透明度が高く、漁業も盛んでしたが、発電などのため玉川から玉川温泉の世界でも珍しい強塩酸酸性水を記号 T 付近から導水トンネルで流入させたため、漁業が成り立たなくなりました。そのため、石灰で中和するようになり、現在はかなり中和されてきています。

❼ 岩手山と八幡平：2003 年 2 月 19 日　新千歳→羽田（右窓）　S.U
I 岩手山（2038m）、Y 焼走り溶岩流、H 八幡平、K 葛根田川

岩手火山は、地形的に東岩手山と西岩手山に分かれ、見る方向によって姿が大きく違います。東岩手山はほぼ円形の山頂火口を持つ成層火山で、東側から見ると円錐形の均整の取れた山体として見えるため岩手富士と呼ばれます。お鉢と呼ばれる山頂火口の縁にある薬師岳（標高 2038m）が岩手山の最高地点です。岩手火山の最近の噴火は東岩手山で発生し、1732 年には中腹から北東山麓に焼走り溶岩流を流し出しました。

❽ 岩手山　西岩手カルデラ：2007 年 3 月 1 日
羽田→新千歳（右窓）　S.M
N 西岩手カルデラ、Y 薬師岳、O 鬼ヶ城、B 屏風尾根、Oa 御苗代湖・御釜湖

東岩手山の西に並ぶ西岩手山も成層火山ですが、山頂部には東西に長い溝状の凹地があり、西岩手カルデラと呼ばれています。屏風尾根と鬼ヶ城の岩稜に囲まれたカルデラの底には中央火口丘群があり、御苗代湖・御釜湖などの火口湖が白い雪面になって見えています。

❾ 岩手山と松川地熱発電所：2003 年 5 月 29 日　羽田→三沢（右窓）　S.M
I 岩手山、MT 松川地熱発電所

三沢空港への着陸アプローチは、岩手山の近傍ではすでに高度を大きく下げており、右側の機窓いっぱいに岩手山の北斜面が広がります。写真手前側に口を開けた広い谷が西岩手カルデラ、画面下を横切るのは松川の上流部で、谷底には松川温泉の建物、その隣には松川地熱発電所（MT）の蒸気の冷却塔が見えています。松川地熱発電所は、国内初の商用地熱発電所として 1966 年に運転を開始しています。

❿ 象潟を作った鳥海山：2018 年 9 月 20 日　羽田→秋田（左窓）　S.U
C 鳥海山、K 象潟

出羽富士と呼ばれる日本百名山の鳥海山（標高 2236m）は、紀元前 466 年に大規模な山体崩壊を発生して大量の岩屑が北西へと流れ下り、日本海の浅瀬に流れ山となって堆積して多島海を形成しました。1689 年に松尾芭蕉がここを訪れた頃は松島のような景観でしたが、1804 年の象潟地震で地盤が隆起して陸地になりました。

⓫ 奥羽山脈　焼石岳：2007 年 3 月 1 日　羽田→新千歳（右窓）　S.M

Y 焼石岳（1547m）、Is 胆沢川、Ib 石淵ダム、L 溶岩流

焼石岳は、東北地方の脊梁山脈に噴出した火山です。山頂のやや下方から画面下に流れ下る溶岩流には、両脇に溶岩堤防の地形がくっきりと認められます。山頂の南側（写真右手）には溶岩流原面の地形が残り、広い雪面となっています。石淵ダムは、1953 年に完成した日本では最初期のロックフィルダム（堤高 53m）でしたが、2013 年にダム再開発事業によって下流側に胆沢ダム（ロックフィルダム：堤高 132m）が完成したため、現在は新たにできた奥州湖の水底に沈んでいます。

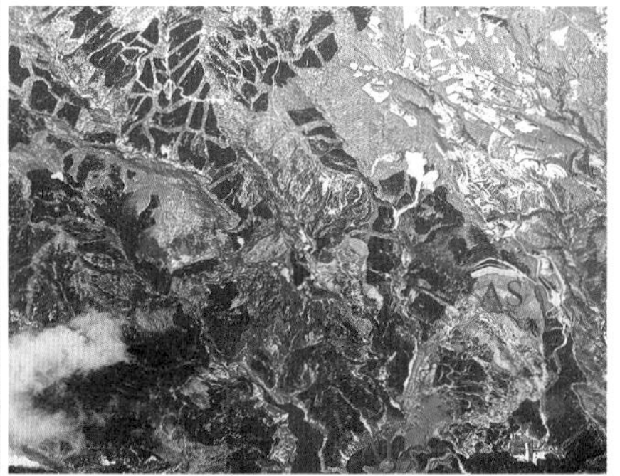

⓬ 奥羽山脈　栗駒山と荒砥沢地すべり：2011 年 4 月 1 日　新千歳→羽田（右窓）　S.M

K 栗駒山（1626m）、Ko 駒の湯、AD 荒砥沢ダム、AS 荒砥沢地すべり、AL 荒砥沢ダム湖、Tr 虎毛山、Km 神室山

栗駒山は東北脊梁山脈の上にできた成層火山ですが、山体は少し東の岩手・宮城県側に寄った位置にあります。18 世紀の噴火の記録があり、1944 年には山頂の北西側で水蒸気噴火が発生している活火山です。平成 20 年（2008 年）岩手･宮城内陸地震（M7.2）は、震央が栗駒山の北東約 10km と近く、強い揺れに見舞われ、すべりやすい火山噴出物でできた斜面で多数の崩壊が発生しました。山頂近くで発生した崩壊は土石流となって流れ下り、約 5km 下流の駒の湯が被災しています。また南東側の山麓斜面では、長さ約 1400m、幅約 800m にわたる大規模な地すべりが発生しました。滑落した地すべり土塊が荒砥沢ダム湖に流入したため、湖では小さな津波も発生しましたが、幸いにダム下流側への被害はほとんどありませんでした。

地理院地図

⑬ 鬼首カルデラ：2006 年 4 月 21 日　羽田→新千歳（左窓）　K.K
A 荒雄岳（984m）、N 鳴子ダム

写真中央の鬼首カルデラは、直径約 13km のほぼ円形のカルデラで、カルデラ中央には中央火口丘荒雄岳があります。カルデラ出口には鳴子ダム（アーチ式コンクリートダム、堤高 94.5m）があります。荒雄岳は活動は休止していますが、地熱活動は盛んで鬼首地熱発電所や周辺には多くの温泉があります。

⑭ 三陸海岸陸前高田：2001 年 1 月 19 日　羽田→帯広（右窓）　S.M
H 広田湾、R 陸前高田市街、M 高田松原、K 気仙川、O 大船渡市街

陸前高田の海岸一帯は、写真を撮影した 10 年後の 2011 年 3 月 11 日の東日本太平洋沖地震で発生した津波によって、大きな浸水被害を受けました。広田湾から市街地を襲った津波は、気仙川の谷底低地を遡上し、海岸から約 8km の地点まで到達しました。右の図の青い部分が津波による浸水範囲です。

地理院地図

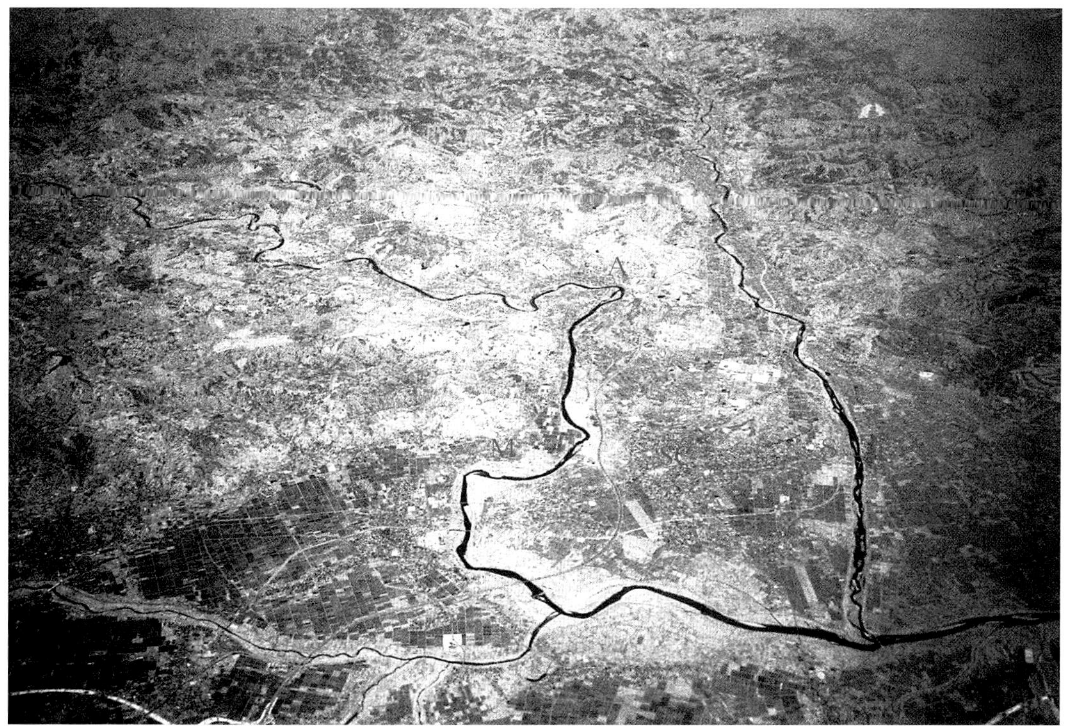

⑮ 最上川・寒河江川：2000 年 10 月 14 日　羽田→新千歳（左窓）　K.K
M 最上川（L=229km）、S 寒河江川（L=55.7km）、O 大森山、A 左沢（あてらざわ）、SC 寒河江市

山形・福島県境の吾妻山付近に源を発した最上川は米沢・長井市と北に流れて、大森山付近では先行河川として流れ、左沢で東（写真下方向）に向きを変え、寒河江市で北に向きを変え、朝日岳に源を発して東流してきた寒河江川と合流し、酒田市で日本海に注ぐ日本第 7 位の長さの川です。

⑯ 松島は巨大地すべりか：2004 年 9 月 15 日　新千歳→羽田（左窓）　K.K
S 塩釜市、M 松島町

日本三景の 1 つである松島は、新第三紀の松島層群の凝灰岩やシルト岩から構成されていて、地形的には相馬市から石巻市を結ぶ弓状の海岸線を断ち切るように張り出しています。この地形から松島は巨大地すべりによって形成されたという説もあります。

⑰ 蔵王　御釜火口：2001 年 11 月 1 日　福島→新千歳（右窓）　S.M
K 熊野岳（1841m）、Ka 刈田岳、O 御釜火口、E 蔵王エコーライン

蔵王火山は、羽田から北海道方面に向かうルートからも真下に望見できますが、福島空港から新千歳に向かう便からは、離陸後間もない低高度から山頂付近の近景を楽しめます。写真左下の裸地が最高点の熊野岳です。蔵王火山には 13 世紀以降の噴火記録が残っています。蔵王のシンボル、緑色の水を湛える御釜は、1625 年の噴火以降、17 世紀末までの間に形成された火口です。その後 19 世紀末まで繰り返した噴火は、ここで発生しています。

⑱ 吾妻連山：2003 年 2 月 18 日　羽田→新千歳（左窓）　S.U
N 西吾妻山、Na 中吾妻山、Hd 東大巓　H 檜原湖

福島・山形県境で東西方向になだらかな山容を示す火山の吾妻連山、最高峰は西吾妻山（2035m）で日本百名山です。西吾妻山の左にはグランデコスキー場、更にその後方には 1888 年の磐梯山の山体崩壊で形成された檜原湖が見えます。

⑲ 磐梯山：2003 年 2 月 18 日　羽田→新千歳（左窓）立体視ができます（p.104 コラム参照）。　S.U
B 磐梯山、N 猫魔ケ岳、H 檜原湖、S 山体崩壊堆積物（岩屑なだれ堆積物）

会津富士とも呼ばれる磐梯山（標高 1816m）は 1888 年に水蒸気爆発に伴う山体崩壊が発生し、崩壊岩塊は岩屑なだれとなって（写真右側の）北麓に流れ下り集落を埋没させて河川を堰き止め、檜原湖、秋元湖などの湖沼を形成しました。南側（写真左手範囲外）の猪苗代湖も 5 万年前の磐梯山の山体崩壊によって形成された堰止湖であり、周辺にはスキー場が整備されてリゾート地となっています。

⑳ 猪苗代湖と磐梯山・飯豊山地遠望：2011 年 4 月 1 日　新千歳→羽田（右窓）　S.M
In 猪苗代湖、Id 飯豊山地、A 会津盆地、B 磐梯山、N 中山峠、K 郡山市街

猪苗代湖は、十和田湖や諏訪湖、琵琶湖と共に、日本海と太平洋を分ける分水界がすぐそばにある湖の 1 つです。湖の水は会津盆地に流れて阿賀野川水系に入り、飯豊山地の山裾を巡って日本海へと下ります。一方、湖面との標高差がわずか 15m ほどの中山峠の東側は阿武隈川水系になり、川は太平洋へと流れます。1879 年に着工し 1882 年まで 3 年をかけて完成した安積疏水（あさかそすい）は、中山峠に穿たれた水路トンネルを通じて、猪苗代湖の水を郡山盆地の農地に導いています。

㉑ 沼沢湖と御神楽岳・只見川：1999 年 8 月 9 日　羽田→新千歳（左窓）　S.M
N 沼沢湖、M 御神楽岳（みかぐらだけ）（1386.5m）、T 只見川、Mi 宮下調整池

沼沢湖は、沼沢火山の噴火によってできたカルデラ湖です。沼沢火山の最新の噴火は、紀元前約 3400 年頃に発生し、噴出した火砕流の一部は、20km 以上離れた会津盆地まで達しています。沼沢湖では、湖を上池とし只見川の宮下調整池を下池として、標高差 214m を利用した揚水発電が行われています。1952 年に建設され 2002 年に役割を終えた沼沢沼発電所に替わり、現在は 1981 年に景観・環境に配慮して地下に建設された第二沼沢発電所が稼働中です。一帯は豪雪地帯で、御神楽岳付近の谷沿いの急斜面は、雪崩に磨かれた岩壁となっています。遠方には新潟平野と日本海が望めます。

㉒ 越後山脈最深部の奥只見湖：1995 年 7 月 17 日　コペンハーゲン→成田（右窓）　K.K
O 奥只見ダム、T 只見川

指を広げたようなきれいな形の奥只見湖（銀山湖）は奥只見ダム（重力式コンクリートダム、堤高 157m）によって造られた人造湖で、揖斐川の徳山ダム（中部 42 参照）ができる前まで日本最大の貯水量 6 億 m^3 強の貯水量がありました。重力式コンクリートダムでは日本で最も高く、下流の大鳥ダム、田子倉ダムと同じく電源開発用のダムです。只見川の最上流部は尾瀬ヶ原、尾瀬沼です。

Ⅲ　関東地方

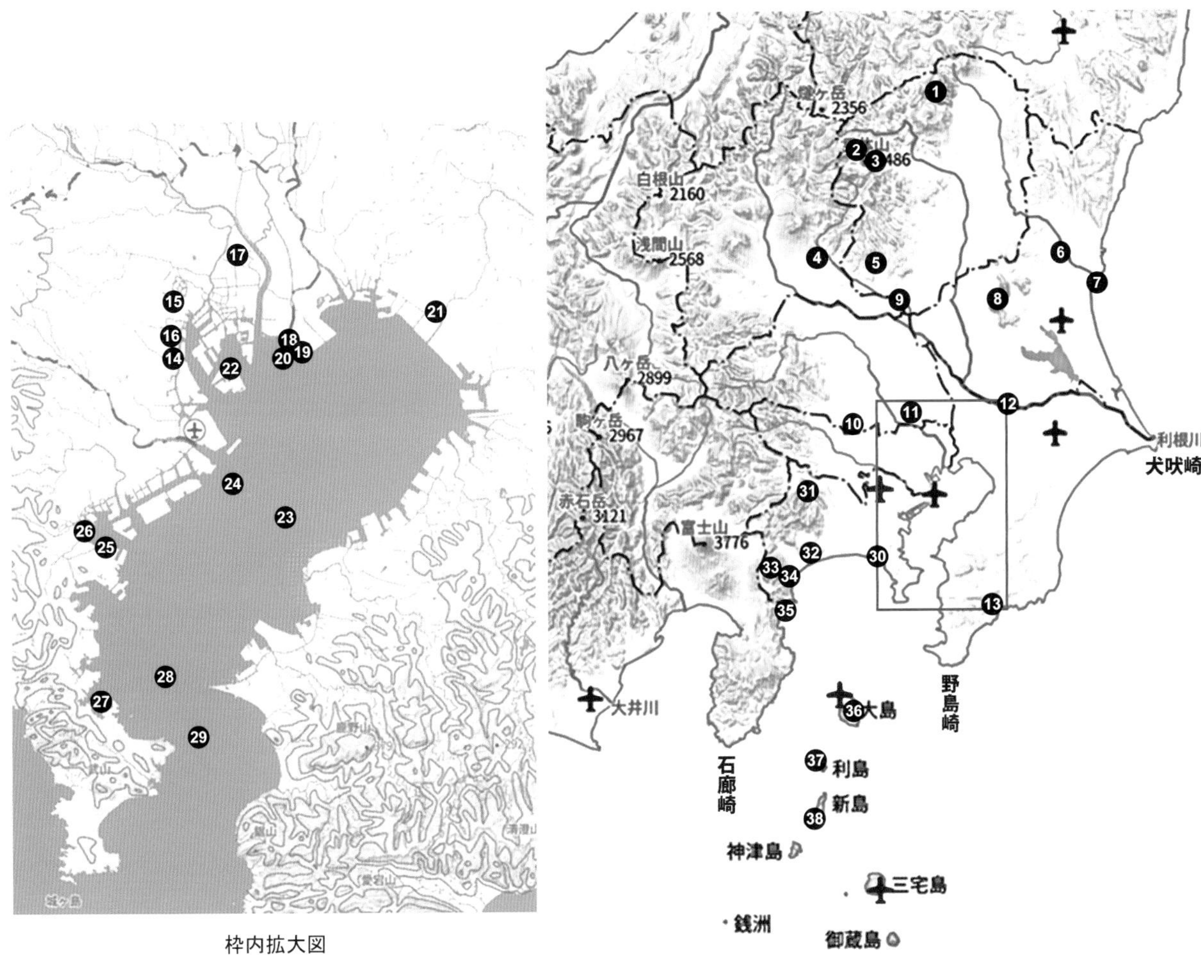

枠内拡大図

1　揚水発電の蛇尾川ダムと八汐ダム
2　日光男体山と富士山
3　男体山と中禅寺湖
4　赤城山（黒檜山）と上越国境の山々
5　葛生の石灰石鉱山
6　那珂川
7　筑波山と那珂川河口
8　関東平野の独立峰　筑波山
9　渡良瀬遊水地
10　村山・山口貯水池
11　荒川下流と圏央道
12　利根川小貝川合流点
13　房総半島鴨川低地
14　地形のわからなくなった東京都心部
15　東京都心部の凸凹
16　旧岩崎家高輪別邸　開東閣
17　東京スカイツリーと隅田川
18　東京ディズニーランド夜景
19　東京ディズニーランド　雪晴れ
20　東京湾岸ディズニーランド
21　東京全景　市街地の夜景
22　東京湾　東京ゲートブリッジ
23　東京湾横断道路（アクアライン）
24-1、2　川崎人工島　東京湾横断道路、風の塔
25　横浜港
26　横浜市街夜景
27　横須賀港
28　東京湾第二海堡
29　浦賀沖の空母ロナルド・レーガン
30　江の島と鎌倉・逗子海岸
31　相模川上流ダム群
32　丹沢山地と大磯丘陵
33　箱根火山
34　箱根火山　大涌谷噴火の噴煙
35　赤潮の発生
36　大島と富士山
37　伊豆七島の利島
38　伊豆七島新島と式根島

❶ 揚水発電の蛇尾川ダムと八汐ダム：2006 年 10 月 30 日　羽田→新千歳（左窓）　K.K
S 蛇尾川(さびがわ)ダム、Y 八汐ダム、SO 塩原温泉、SD 塩原ダム

那須塩原市の西方にある蛇尾川ダム（重力式コンクリートダム、堤高 104m）と八汐ダム（アスファルトフェイシングロックフィルダム、堤高 90.5m）は、蛇尾川ダムを下池、八汐ダムを上池とする塩原揚水発電所用のダムで、電力使用の少ない夜に蛇尾川ダムから八汐ダムに水をくみ上げ、電力需要の大きい昼に八汐ダムから蛇尾川ダムに水を落として発電します。発電所は記号 S 近くの地下にあります。八汐ダムはアスファルトフェイシングダムとしては世界で最も高いダムです。

❷ 日光男体山と富士山：2001 年 9 月 23 日　富山→羽田（右窓）　S.M
Na 男体山、Ny 女峰山(にょほうざん)、T 太郎山、C 中禅寺湖、K 草木湖、Su 皇海山(すかいさん)、A 赤城山、S 戦場ヶ原

男体山は、富士山、浅間山、筑波山と共に、関東平野から比較的よく望見できる名山の 1 つです。優美な山裾を引く成層火山の姿から、日光富士、下野富士とも呼ばれています。写真は、関東平野を挟んで本家の富士山を望んだところです。男体山から富士山までの距離は約 170km あります。中禅寺湖岸の山稜越しには、渡良瀬川流域の山々が見えています。画面中央付近に岩肌を見せているのは、足尾銅山の排煙で植生と表土が失われた松木川右岸の斜面です。荒廃した景観を保存するため積極的な植林を行わない「観測監視区域」が、2003 年に設定されています。

❸ 男体山と中禅寺湖：2004 年 11 月 5 日　羽田→新潟（左窓）S.U　（中越地震災害の臨時便）
Na 男体山（2486m）、S 戦場ヶ原　C 中禅寺湖

男体山の火口と約 2 万年前の火山活動で大谷川（だいやがわ）が堰き止められた中禅寺湖、湖の標高は 1296m、水深は 163m です。戦場ヶ原は湯川の谷が男体山の火山活動で形成された堰止湖でしたが、流入する土砂で埋め立てられて湿地化が進んで高層湿原（標高 1400m）になりました。

❹ 赤城山（黒檜山）と上越国境の山々：2015 年 1 月 24 日　神戸→茨城（左窓）　S.M
K 黒檜山（くろびさん）（1828m）、H 八間山、S 白砂山、M 三国峠、T 谷川連峰、Jh 上州武尊山（ほたかやま）、Ki 桐生市街、Ch 茶臼山丘陵、W 渡良瀬川

赤城山は、成層火山の成長と侵食・大崩壊を繰り返した後、山頂部の小規模なカルデラの中に溶岩円頂丘や火口湖を配置する現在の地形になりました。最新の噴火に関しては、西暦 1251 年の噴火の様子が古文書に記録されています。関東平野に面した広大な山麓斜面の中にある遺跡からは、大崩壊の堆積物や地割れが見つかっており、西暦 818 年の関東地方の大地震によるものと考えられています。茶臼山丘陵とその右手の渡良瀬川との間には、活断層である太田断層があります。

❺ 葛生の石灰石鉱山：2015 年 1 月 24 日　神戸→茨城（左窓）S.M
K 東武鉄道葛生(くずう)駅

石灰石は、日本で自給可能な貴重な地下資源です。栃木県南西部の佐野市葛生付近には、古生代ペルム紀の石灰岩が広く分布し、良質の石灰石を産出します。葛生地域の石灰石は、江戸時代から媒染剤、漆喰や肥料として利用され、現在も大規模な石灰石・ドロマイト鉱山が稼行しています。採掘場の大部分は露天掘りですが、一部の鉱区では鉱石運搬用の鉄道が地下を走っています（一般には公開されていません）。市街地には、石灰岩地帯特有の岩石標本や化石を展示する葛生化石資料館もあります。

❻ 那珂川：2004 年 9 月 15 日　新千歳→羽田（左窓） K.K
M 水戸市、S 千波湖、J 常磐自動車道

写真中央を下から上に流れる那珂川の両岸には見事な河岸段丘が発達しています。水戸の市街地も標高 30m 弱の段丘面上にあり、千波湖に隣接した偕楽園もこの段丘面上にあります。

❼ 筑波山と那珂川河口：2016 年 1 月 9 日　神戸→茨城（右窓）　S.M
N 那珂湊漁港、H 平磯、M 水戸市街地、T 筑波山（877m）、K 加波山（709m）

那珂川は那須岳を源流とする大河川であるのに、海岸には大きな平野がありません。これは海岸付近に大きな沈降帯が無く、河口付近を横切って続く隆起帯があるためと考えられます。那珂川下流部の谷底低地の両岸には段丘が発達しており（34 ページ那珂川の項を参照）、周辺には標高 30m 程度の常陸台地が広がっています。一方、那珂川の河道は 17 世以来本格的な舟運に利用され、特に最下流部の勾配は三角州地帯と同じ程度に緩いため、河口の那珂湊と水戸市街近傍を結ぶ蒸気船の定時便が 1878 年から 1923 年まで運行されていました。

地理院地図、シームレス地質図

❽ 関東平野の独立峰　筑波山：2011 年 4 月 1 日　新千歳→羽田（右窓）　S.M
K 小貝川、Ka 風返峠、T 筑波山（877m）、H 宝篋山（ほうきょうさん）（460.7m）

筑波山は標高こそ高くありませんが、まるで火山のような山裾を引く端麗な山容は、関東平野から望む名山の 1 つとして親しまれてきました。主峰の山腹から山麓にかけて起伏の少ない緩斜面が広がっています。この斜面は、山頂部を形成する斑れい岩が風化して崩れた巨礫などが、山腹の風化花崗岩斜面の谷筋を覆ったものと考えられています。

❾ 渡良瀬遊水地：2004 年 5 月 25 日　羽田→大館能代（左窓）　K.K
W 渡良瀬遊水地（ラムサール条約登録湿地）、T 利根川、K 古河市

関東平野の北縁近くにハート形の池が見えます。この池付近一帯の渡良瀬遊水地は、元は足尾銅山の鉱毒を沈殿させ無害化するために設けられましたが、現在は大雨時に渡良瀬川などの水を一時的に貯留し、洪水を防ぐために用いられています。

❿ 村山・山口貯水池：2020 年 10 月 29 日　羽田→広島（右窓）　S.U
M 村山貯水池（多摩湖）、Y 山口貯水池（狭山湖）、S 西武ドーム、Yu 遊園地

東京の人口増加に対応した水源確保のため、村山貯水池は 1927 年完成、山口貯水池は 1934 年に完成しました。両貯水池は（写真左手範囲外の）多摩川から取水しています。建設当時の周辺の武蔵野台地には桑畑が広がっていましたが、現在は宅地になり貯水池周辺は西武ドームや遊園地をはじめ公園や自転車道が整備され、休日には多くの人で賑わいます。

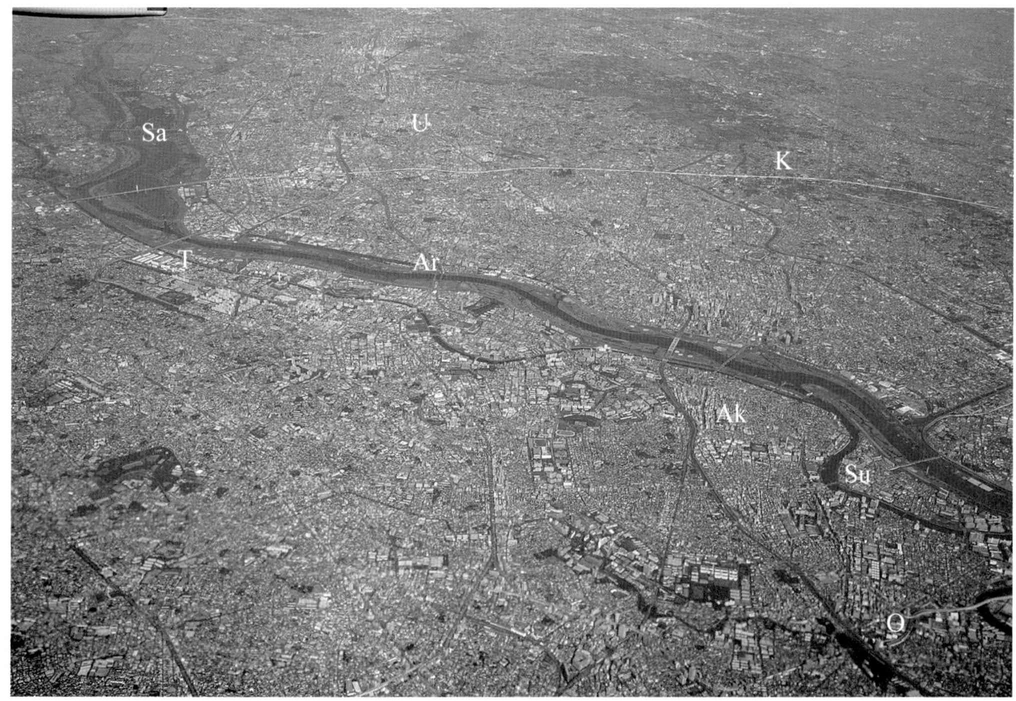

⓫ 荒川下流と圏央道：2016 年 10 月 27 日　羽田→鳥取（右窓）　S.U
Ar 荒川、Su 隅田川 Sa 彩湖、K 圏央道、T 高島平、Ak 赤羽、O 王子　U 浦和

高島平・赤羽・王子を結ぶ線から左下の区域は台地であり、荒川沿いには沖積平野が広がるのですが、都市化が進んで写真では地形の区別はできません。彩湖は大雨時の東京下町を洪水から守る巨大な遊水地です。この付近の荒川は東京都と埼玉県の県境をなし、赤羽付近で隅田川（旧荒川）を分けます。

⓬ 利根川小貝川合流点：2020 年 4 月 2 日　新千歳→羽田（右窓）　S.U
T 利根川、K 小貝川、Tr 取手

小貝川が利根川に合流する直前の区間では、豪雨時に利根川の水位が高くなる影響を受けて近世以来洪水が多発しています。1981 年 8 月の台風 15 号の降雨では増水した利根川からの逆流で堤防が決壊しました。洪水で浸水した低地の土地利用の多くは水田ですが、水田の中の微高地（自然堤防）に古くからある集落も浸水被害を受けました。取手市街などが位置する台地は住宅地としての開発が進んでいます。

地理院地図、シームレス地質図

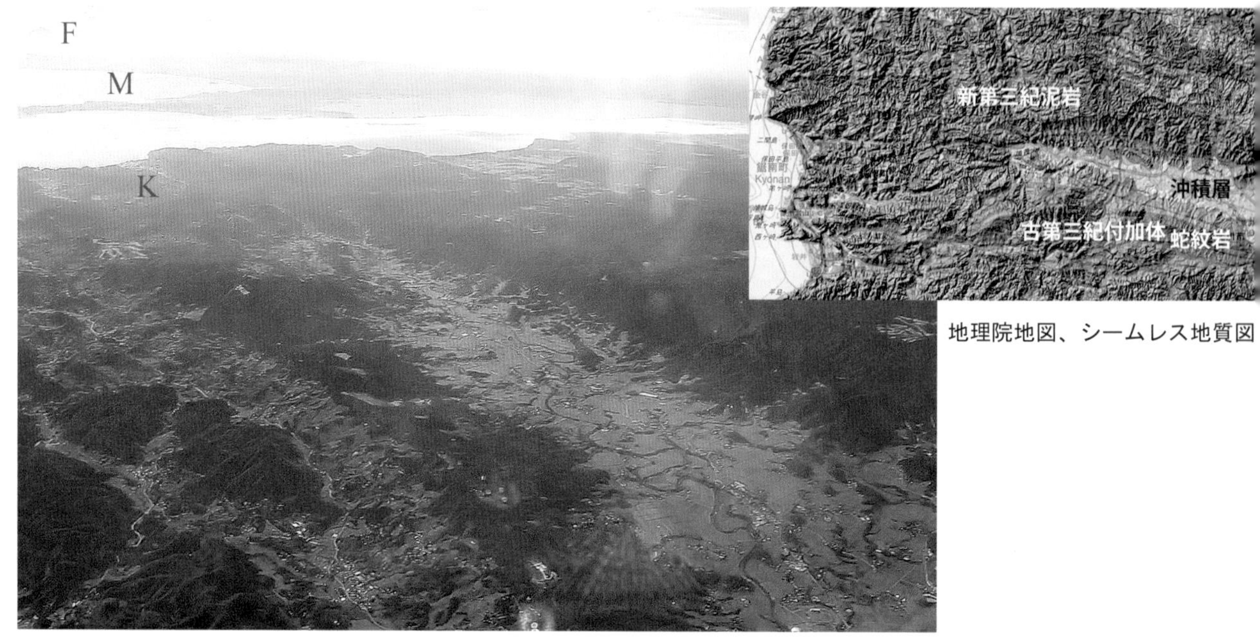

⑬ 房総半島鴨川低地：2004 年 6 月 30 日　福岡→羽田（左窓）　K.K
K 鋸南(きょなん)町、M 三浦半島、F 富士山

房総半島中央部に鴨川市から鋸南町にかけて東西方向に延びる低地があります。この低地は鴨川地溝帯と呼ばれ、両側を断層で挟まれています。房総半島は主に新第三紀の地層からなっていますが、この低地の南側は古第三紀の蛇紋岩などの地層からなっています。この地質構造は東京湾を越えて三浦半島葉山の方に延びています。

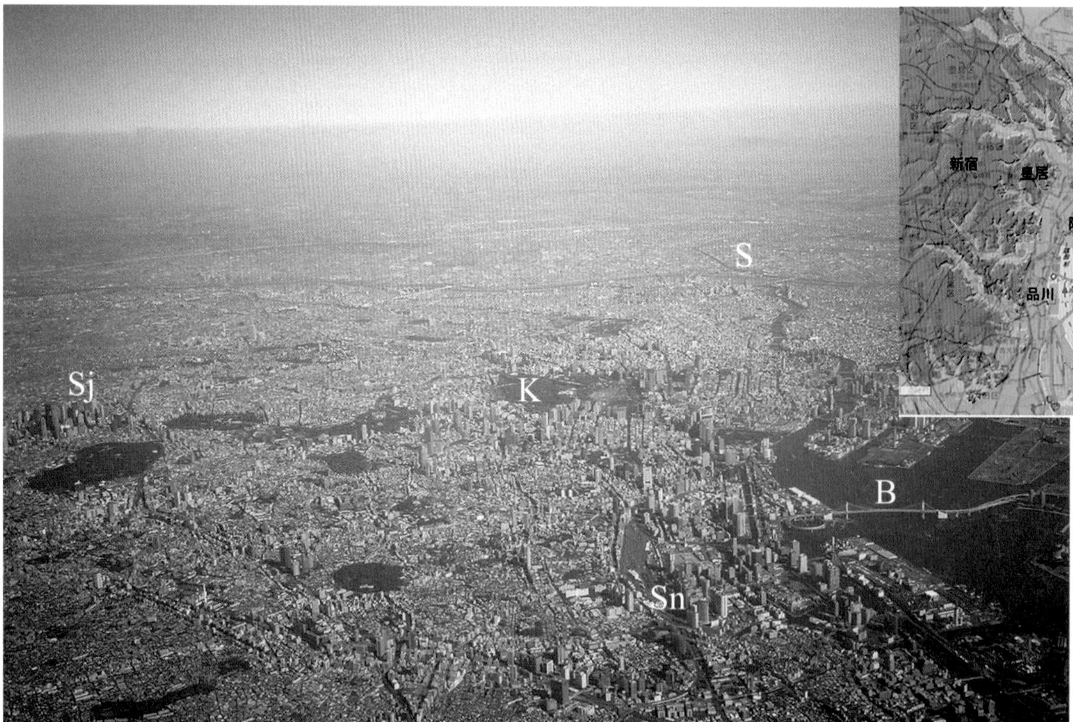

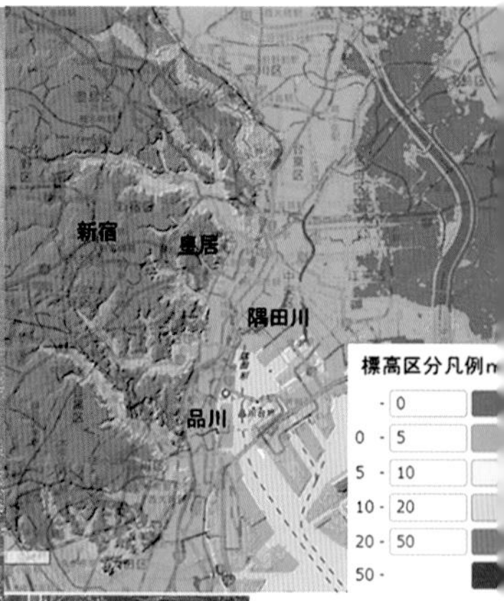

地理院地図で作

⑭ 地形のわからなくなった東京都心部：2008 年 2 月 15 日　羽田→高松（右窓）　S.U
S 隅田川、Sn 品川、K 皇居、Sj 新宿、B レインボーブリッジ

新宿から皇居にかけての緑地が点在する地域は台地であり、皇居よりも東側の隅田川を含む一帯は沖積低地なのですがビルが建て込んで地形の境界はわからなくなっています。

⓯ 東京都心部の凸凹：2022 年 4 月 27 日　北九州→羽田（左窓）　S.U
S 隅田川、Z 増上寺、K 皇居外苑、T 首都高都心環状線、G 日本経緯度原点

羽田空港の発着便数を増やす目的で 2020 年 3 月 29 日から運用が始まった飛行経路は埼玉県側から都心上空を通過して羽田空港に着陸します。高さ 333 m の東京タワーは高層ビル群に埋まりそうですが赤い色で目立ちます。写真には写っていませんがビルの谷間には日本国内の基準点である日本経緯度原点があります。

⓰ 旧岩崎家高輪別邸　開東閣：2021 年 6 月 11 日　神戸→羽田（右窓）　S.M
S 東海道新幹線、T 東海道本線、Y 山手線、K 開東閣、Ss 品川駅、R 中央リニア新幹線立坑工事地点

広い緑地の芝生の脇に立つのは、1908 年に旧岩崎家高輪別邸として建てられた洋風建築、開東閣本館です。設計者はジョサイア・コンドルです。現在は三菱グループの迎賓館として維持・運営され、常時は一般公開されていません。地上では敷地の外から建物を見ることは難しかったのですが、羽田空港への着陸コースが変わり、空からちょっと失礼して拝見することができるようになりました。一帯は武蔵野台地が東京湾に臨む白金台の東端部で、江戸時代には御殿山と呼ばれ、旧東海道が通る品川海岸を眼下にする景勝地でした。品川駅は、中央リニア新幹線の出発駅になる予定で、地下工事が進められています。

⓱ 東京スカイツリーと隅田川：2020 年 10 月 2 日　羽田→新千歳（左窓）　S.U
S 隅田川、Se 浅草寺

東京下町の墨田区に 2012 年完成した高さ 634m の東京スカイツリーの周囲には高い建物がなく展望回廊からは 360°の展望が楽しめます。一帯は軟弱地盤が分布する低地のため高層建築物が少ないことが電波塔として展望にも有利な場所になりました。

⓲ 東京ディズニーランド夜景：2003 年 10 月 2 日　羽田→女満別（左窓）　S.M
A 荒川河口、K 葛西臨海公園、E 旧江戸川河口、D 東京ディズニーランド

昼間の機窓の風景には関心がなくても、夜のフライトでの都市の夜景を楽しむ人は多いようです。羽田空港の離着陸の際には、東京湾岸の大規模な施設の夜間照明が目につきます。東京ディズニーランドでは、たくさんの人々が様々な思いで楽しんでいることでしょう。葛西臨海公園の直径 111m の大観覧車にも灯がともりました。

⑲ 東京ディズニーランド　雪晴れ：1998 年 1 月 16 日
羽田→新千歳（左窓）　S.M

A 荒川河口、E 旧江戸川河口、D 東京ディズニーランド

1998 年 1 月 15 日から 16 日にかけて、関東甲信越地方は大雪に見舞われました。この時の東京都心部千代田区内の観測点の最深積雪量は 16cm で、1875 年からある観測記録中のベスト 10 には及びませんでした。気象庁のデータでは、東京都心部での最深積雪量が 20cm を超えた年が、1875 年以降、19 世紀中に 3 回、20 世紀前半に 6 回、20 世紀後半に 8 回、21 世紀になってからも 2 回あります。最深積雪量の観測記録最大値は、1883 年の 46cm です。

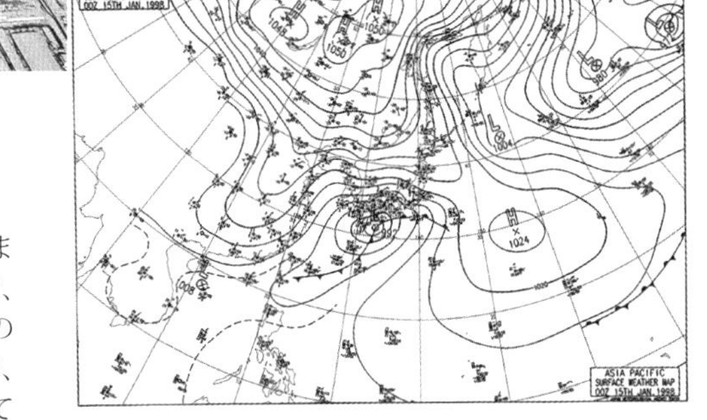

1998 年 1 月 15 日 7 時の天気図（気象庁）

⑳ 東京湾岸ディズニーランド：2004 年 12 月 6 日　羽田→新千歳（左窓）　S.U
W 湾岸自動車道、K 京葉線、E 旧江戸川

東京湾を埋立て作られた広い駐車場とホテルを備えた異空間のディズニーランド、1983 年オープンした後に 2001 年にはディズニーシーが写真の手前側にオープンして広大なテーマパークになりました。

21 東京全景　市街地の夜景：2001 年 10 月 19 日　新千歳→羽田（右窓）　S.M
T 東京タワー、D 東京ディズニーランド、M 幕張メッセ、S 新宿副都心、Y 横田基地

豪華な夜景が見られるのは、何といっても大都市の空港での離着陸のときです。様々な色合いの光の粒を敷き詰めたような繁華街の煌めき、輝きを抑えた近郊の住宅地の灯、そして周辺の近隣都市にあるはずの輝きも距離に応じて急激に暗くなってゆく光景には、思わず魅入られるような雰囲気があります。昼間の都市の建物や道路が密集した無機的な風景よりも、暗闇に浮かび上がる夜景の方が、たしかに人間の生活する空間であることを感じさせるようです。

22 東京湾　東京ゲートブリッジ：2019 年 9 月 7 日　福岡→羽田（右窓）　S.M
S 東京スカイツリー、M 木材埠頭、A 荒川河口

恐竜橋のあだ名で親しまれている東京ゲートブリッジです。南風時に羽田空港 B 滑走路に着陸する際には、橋を間近に見下ろすことができました。しかし 2020 年に着陸コースが変わり、都心部上空から A・C 滑走路に直進することが多くなって、橋に近寄る機会は減ってしまいました。東京ゲートブリッジは、2011 年 2 月末に橋桁の架設が完了した段階で、3 月 11 日の東日本大震災をもたらした地震に遭遇しましたが、震度 5 強（東京都江東区）の揺れにも問題なく耐えて、翌 2012 年に無事開通しました。

東京湾を横断して神奈川県川崎市と千葉県木更津市を結ぶ自動車専用道路として 1997 年 12 月に完成しました。木更津側の人工島は「海ほたる」と呼ばれるパーキングエリア、川崎側の人工島は「風の塔」と呼ばれる換気施設で、トンネル区間は延長 9607m あります。

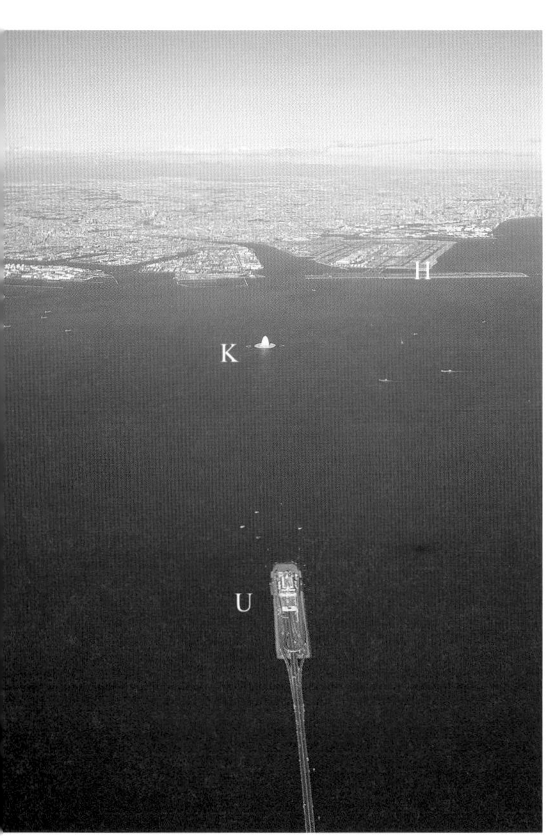

23 東京湾横断道路（アクアライン）: 2017 年 1 月 21 日　羽田→伊丹（右窓）　S.U
U 海ほたる、K 風の塔、H 羽田空港

24-2 川崎人工島（2）　東京湾横断道路　風の塔 : 2007 年 3 月 2 日　新千歳→羽田（左窓）　S.M

川崎人工島の直径は約 200m ありますが、外側 50m 分は鋼材の柱を組んだ護岸部です。本体は、直径約 100m、コンクリート製の厚さ 2.8m の遮水壁で囲まれた 7 階建ての円筒型空間で、海底下 35m にある道路トンネルに通じ、道路の下を併走する避難路の出口の 1 つにもなっています。建設時には、トンネルを掘削するシールドマシンの発進基地としても使われました。大塔（高さ 90m）は、吸気用ダクト、小塔（高さ 75m）は排気用ダクトです。

24-1 川崎人工島（1）　東京湾横断道路 : 2007 年 3 月 8 日　羽田→神戸（左窓）　S.M

川崎人工島は、東京湾の多摩川河口沖約 5km にあり、羽田空港の A 滑走路と C 滑走路の南方への延長線に挟まれた位置にあって、離発着時には間近に眺めることができます。付近の水深は約 28m あり、1990 年代までに建設された人工島の中では、大水深の工事の事例です。写真右下の機体は羽田 A 滑走路に向かう B747 型機です。

㉕ 横浜港：2016 年 1 月 27 日　羽田→鹿児島（右窓）　S.U

M みなとみらい地区、B 横浜ベイブリッジ、T 鶴見つばさ橋

東京湾岸の工業地帯を結ぶ首都高速湾岸線の横浜ベイブリッジと鶴見つばさ橋。横浜港を跨ぐ横浜ベイブリッジの奥はみなとみらい地区などの横浜中心市街地です。

㉖ 横浜市街夜景：2021 年 12 月 23 日　羽田→神戸（右窓）　S.M

照明の光模様から都市のランドマークを特定するのも夜景の楽しみの 1 つです。中央左上の鮮やかな白い光の塊は横浜駅周辺、その下にみなとみらい臨港パーク、左下には関内から伊勢佐木町の繁華街の灯が華やかです。下中央の斜めに傾いた街区は横浜中華街でしょう。

㉗ 横須賀港：2020 年 1 月 29 日　羽田→伊丹（左窓）　S.U
N 長浦湾、Y 横須賀駅、J 自衛隊基地、B 米軍施設

明治時代から軍港として整備された港で、戦後は海上自衛隊の横須賀基地とアメリカ海軍第 7 艦隊の基地になっています。海上自衛隊や米軍の艦船が停泊しています。

㉘ 東京湾第二海堡：2017 年 11 月 25 日
福岡→羽田（左窓）　S.U
K 第二海堡、M 三浦半島

明治から大正にかけて首都防衛のために、東京湾口にあたる千葉県富津岬から神奈川県観音崎の間に 3 か所の砲台（人工島）が建設されました。神奈川県側の第三海堡は関東大震災の際に崩壊してほぼ水没してしまい、現在は千葉県富津市に属する第一海堡と写真の第二海堡が残っています。

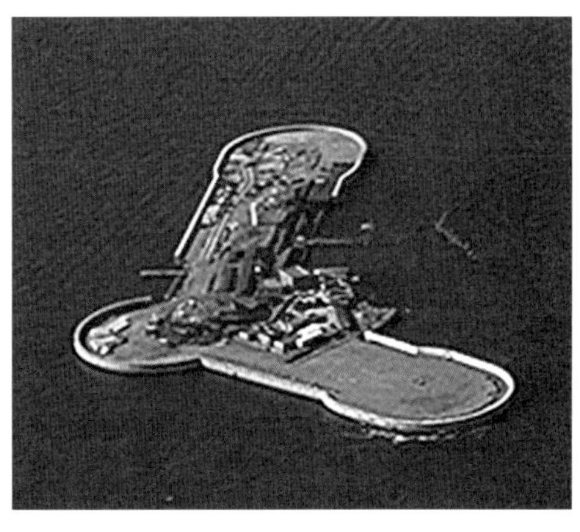

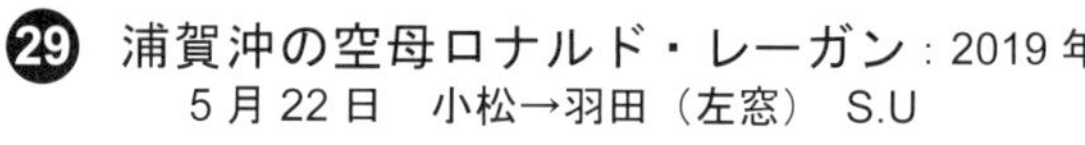

㉙ 浦賀沖の空母ロナルド・レーガン：2019 年 5 月 22 日　小松→羽田（左窓） S.U

K 観音崎、U 浦賀港

空母ロナルドレーガンは全長 333m、戦闘機 60 機を搭載し、約 4400 人が乗組みます。米軍横須賀基地までの東京湾の水深は 40 ～ 50m と比較的深いので、喫水が 10m 以上ある大型空母の航行が可能です。

相模川河口から江の島、鎌倉、逗子を経て、葉山までの沿岸部は、低地も台地も宅地開発で埋め尽くされています。この地域は、相模湾直下の大地震と、房総半島沖の巨大地震による地殻変動の影響を受けると考えられていますが、相模湾を震源とする 1923 年関東地震では、海岸が約 0.9 ～ 0.8m 隆起しました。その後は緩慢に沈降し、90 年間の低下量は約 0.2m です。最近、江の島から稲村ヶ崎にかけての七里ヶ浜の東部では海岸浸食が進んでいますが、その原因は、海岸の沈降や構造物による飛砂の阻害だけでなく、背後の丘陵地が宅地化され、河川からの土砂供給が少なくなった影響もあるらしいことが報告されています。

㉚ 江の島と鎌倉・逗子海岸：2015 年 12 月 18 日　羽田→高知（右窓） S.M

S 相模川、E 江の島、Si 七里ヶ浜、I 稲村ヶ崎、K 鎌倉（材木座海岸）、Z 逗子海岸、H 葉山

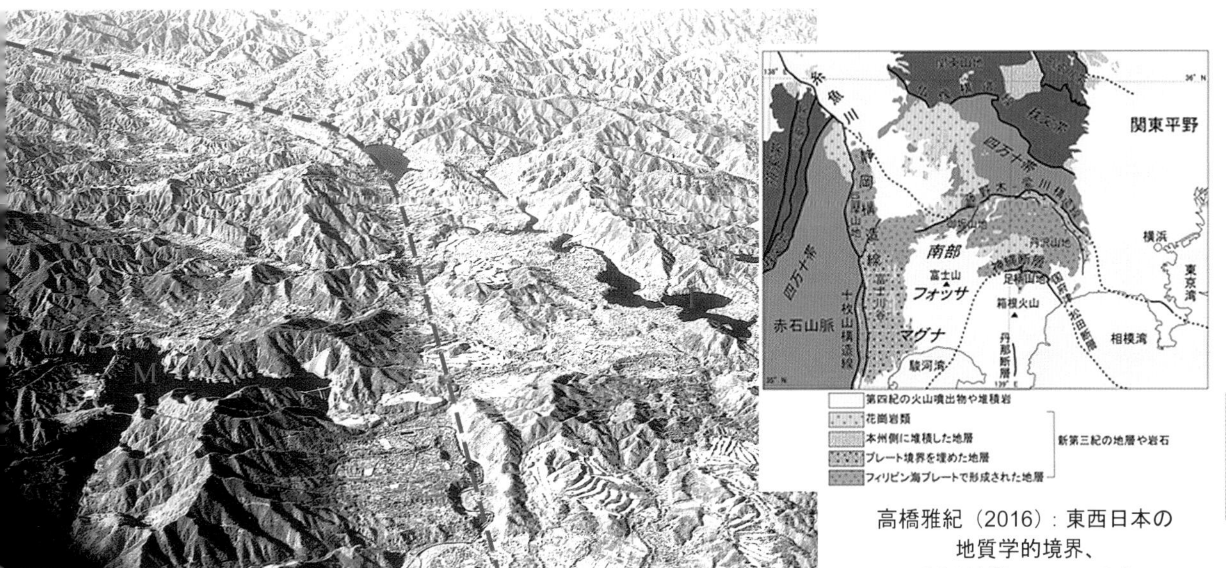

高橋雅紀（2016）：東西日本の地質学的境界、GSJ 地質ニュース 5-8

31 相模川上流ダム群：2002 年 11 月 14 日　羽田→広島（右窓）　K.K
S 相模湖、T 津久井湖、M 宮ケ瀬湖

山中湖など富士山麓の水を集めて相模湾に注ぐ相模川には相模ダム（重力式コンクリートダム、堤高 58.4m）と城山ダム（重力式コンクリートダム、堤高 75m）の造る相模湖、津久井湖があり、また支川の中津川には宮ヶ瀬ダム（重力式コンクリートダム、堤高 156m）があります。相模湖から写真中央下に延びる低地は藤野木－愛川構造線（写真で赤破線）が造る低地で、太平洋で生まれた丹沢山地が数百万年前に本州に衝突した名残の大規模な断層です。

32 丹沢山地と大磯丘陵：2017 年 1 月 21 日　羽田→伊丹（右窓）　S.U
T 丹沢山地、Oi 大磯丘陵、A 足柄平野、H 秦野盆地、S 酒匂川、Od 小田原市

丹沢山地や大磯丘陵に囲まれた足柄平野は酒匂川が運んだ土砂が堆積して出来た扇状地です。足柄平野と大磯丘陵は急斜面で限られていて、ここには活断層の国府津—松田断層帯が位置します。

33 箱根火山：2017 年 1 月 21 日　羽田→伊丹（右窓）　S.U

A 芦ノ湖、Fu 二子山、Ko 駒ヶ岳、Ka 神山、Ki 金時山、M 明神ヶ岳（1169m）、H 箱根峠、G 御殿場、Ha 早川、S 須雲川

外輪山で囲まれたカルデラの中には中央火口丘と芦ノ湖があります。芦ノ湖は 3000 年前の神山の火山活動の際に山体崩壊が発生して早川を堰き止めて形成された堰止湖です。大涌谷（写真では神山の背後）では火山活動が続いています。旧東海道は写真右下の須雲川の谷沿いから二子山の左を通って芦の湖畔に至り、箱根峠を越えていました。

34 箱根火山　大涌谷噴火の噴煙：2015 年 12 月 18 日　羽田→高知（右窓）　S.M

A 芦ノ湖、M 明神ヶ岳（1169m）、Ka 神山、Ko 駒ケ岳、O 小田原市街地、Ag 足柄平野、S 酒匂川

箱根火山では歴史時代の噴火記録は確認されていませんが、2015 年 4 月から地殻変動や地震活動が観測されはじめました。5 月以降になると大涌谷周辺で噴気活動が活発化し、6 月 29 日～ 7 月 1 日には小規模な水蒸気噴火が発生しました。温泉配管などに軽微な損傷があっただけで大きな被害はありませんでしたが、その後も二酸化硫黄（SO_2）を含む高温の噴気活動は続き、写真のように噴気がたなびいて外輪山の縁を越える日もありました。

35 赤潮の発生：2019 年 7 月 17 日　羽田→伊丹（右窓）　S.U
Y 東海道線の JR 湯河原駅、M 同線の JR 真鶴駅

赤潮は海水の富栄養化が原因でプランクトンが異常に増えて海の色が赤色化したもので、海岸に押し寄せる赤潮が見えます。

36 大島と富士山：2015 年 11 月 26 日　鹿児島→羽田（左窓）　S.U
Mi 三原山（758m）、Mo 元町、H 波浮港

火山活動の活発な火山島で山頂部にはカルデラと中央火口丘の三原山があります。1986 年 11 月 21 日の大噴火では溶岩が元町方向に流れ出したため、全島民 1 万人が約 1 ヶ月間島から避難しました。 波浮港は 9 世紀の火山活動で火口湖を形成した後に、元禄関東地震（1703 年）の津波により海とつながり、1800 年に海との間を切広げて現在の形になりました。

❸❼ 伊豆七島の利島：2017 年 8 月 5 日　高知→羽田（左窓）　S.U
M 宮塚山（507m）、T 利島港、H ヘリポート

外周 8km 弱の円錐形の火山島で周囲は海食崖で囲まれ平地は無く、集落は比較的傾斜の緩い北側斜面にあって港は集落直下に設けられています。人口は 305 人（2020 年）で、交通は東京竹島桟橋や静岡県下田港からの船便の他に大島から所要 10 分のヘリコミューターが毎日 1 便あります。

❸❽ 伊豆七島新島と式根島：2017 年 8 月 5 日　高知→羽田（右窓）　S.U
N 新島、S 式根島

新島は南北の 2 火山からなる火山島で集落や空港は中央部の標高 40m 以下の平地に位置します。2000 年 6 月の群発地震では岩盤崩壊が発生して島の北端の集落と島の中央を結ぶ道路が被災したため、延長約 3km の道路トンネルが建設されました。式根島は最高標高 109m の台地状の火山島で周囲は海食崖に囲まれ海岸には平地がありません。

Ⅳ　中部地方

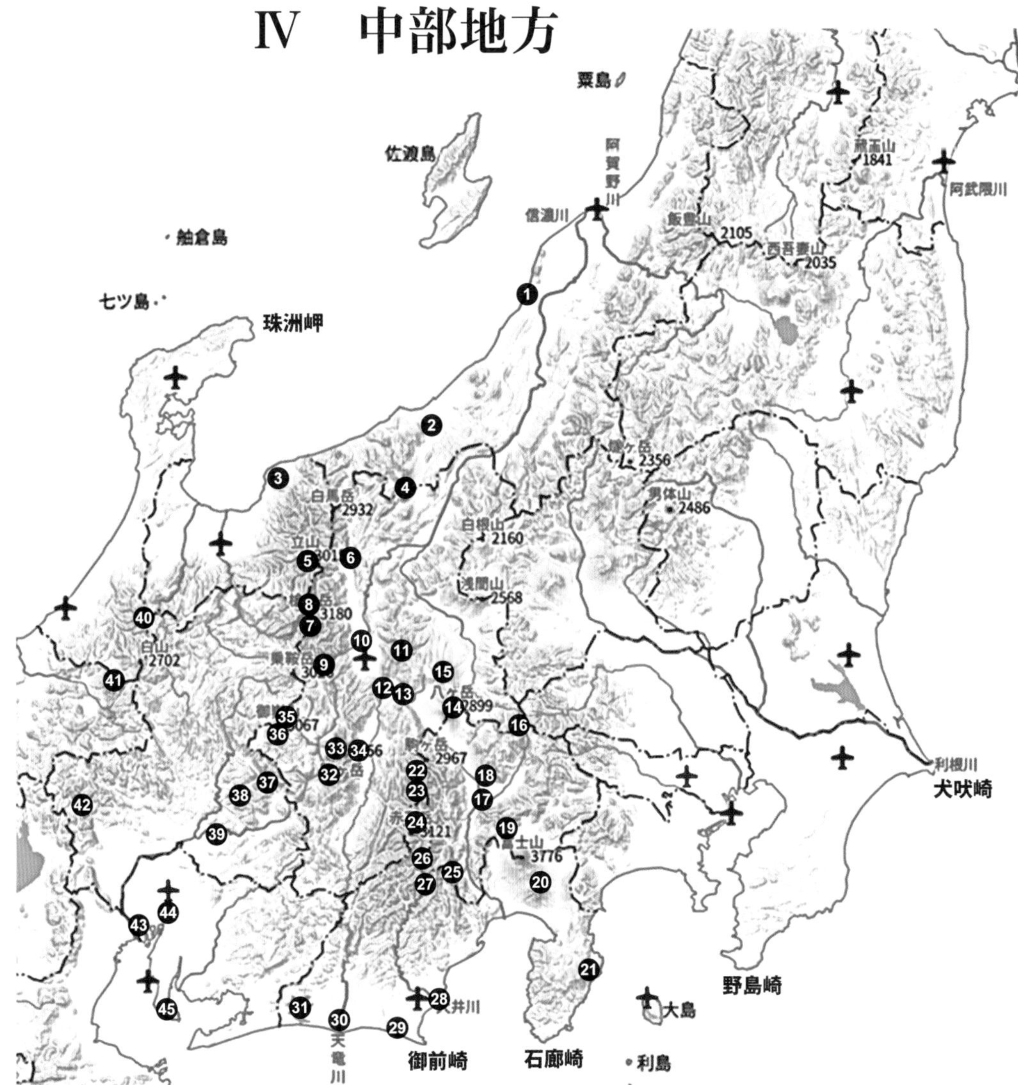

1　信濃川と大河津分水路
2　高田平野の新たな交通路
3　黒部扇状地
4　黒姫山と妙高山
5　北アルプス　剣岳・立山と弥陀ヶ原
6　仁科三湖と北アルプス
7　上高地上空からの北アルプス
8　穂高連峰
9　奈川渡ダムと乗鞍岳
10　松本盆地と北アルプス
11　美ヶ原と北信の火山群の遠望
12　御神渡りの跡が残る諏訪湖
13　湖面の広さが変動する諏訪湖
14　八ヶ岳と山麓の高原
15　蓼科山
16　奥秩父　金峰山・国師岳・甲武信岳
17　甲府盆地
18　甲府盆地と富士山
19　大室山と富士五湖の本栖湖など
20　富士山と愛鷹山
21　伊豆大室山と城ヶ崎海岸
22　南アルプス北部とフォッサマグナ
23　長野県大鹿村大西山崩壊
24　南アルプス　荒川岳と荒川大崩壊地
25　安倍川上流大谷崩
26　大井川上流畑薙湖
27　大井川上流のダム湖　井川湖
28　大井川と富士山
29　浜岡砂丘と遠州灘
30　天竜川と遠州灘
31　浜名湖
32　中部山岳と木曽谷
33　中央アルプス　木曽駒ヶ岳の氷河地形
34　木曽駒ヶ岳
35　御嶽山の噴火
36　御嶽山
37　阿寺断層と中部山岳
38　三河高原の赤河断層
39　木曽川
40　大笠山と笈ヶ岳　山頂部の崩壊地形
41　白山と北アルプス
42　揖斐川上流徳山湖
43　濃尾平野
44　名古屋市街地
45　知多半島と濃尾平野への季節風の吹き出し

❶ 信濃川と大河津分水路：2022年6月28日　能登→羽田（左窓）　S.U
Y 弥彦山（634m）、O 大河津分水路、S 信濃川、T 寺泊港

越後平野を水害から守るため信濃川の上流で日本海に流す分水路の建設は、明治42年に着工して昭和6年に完成しました。その後の老朽化による堰の改修、河口部の拡幅工事が行われています。海岸側に続く山地の内陸側は洪水が発生しやすい低地が広がります。

❷ 高田平野の新たな交通路：2018年8月23日　新潟→伊丹（右窓）　S.U
S 関川、H 北陸新幹線、J 上信越自動車道、T 高田市街、N 直江津市街

関川が作った平野を左下から斜め一直線に延びる北陸新幹線（2013年開通）、平野に面した山麓沿いに建設された上信越自動車道（1999年2車線開通、2018年4車線開通）により、この地域は首都圏、長野市、富山市、金沢市などとの時間距離が格段に短縮されました。

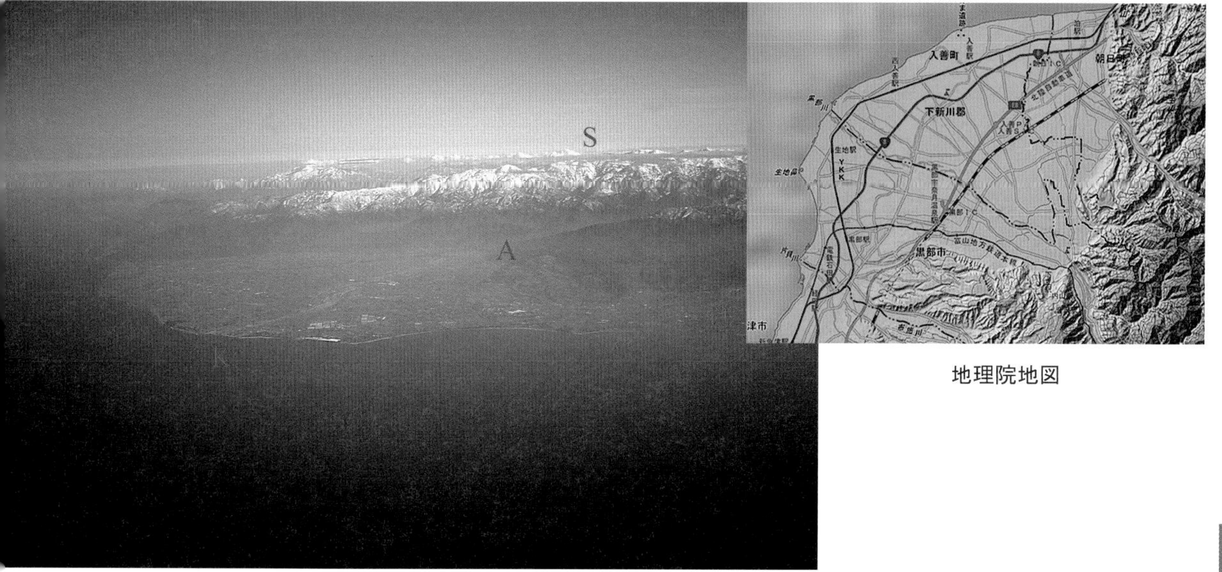

地理院地図

❸ 黒部扇状地：2002 年 11 月 24 日　富山→羽田（右窓）　K.K

A 愛本、K 黒部川、U 魚津市、S 白馬岳（2932m）

富山湾の東端になる黒部扇状地は、飛騨山脈（北アルプス）の岩苔乗越（いわごけのっこし）を発した黒部川が上廊下、黒部ダム、下廊下と急流を下り宇奈月温泉下流の愛本付近で急速に流速を減じて流送してきた土砂を堆積してできたもので、日本有数の扇状地です。富山湾の魚津市沖には約 3 千年前の埋没林があり、特別天然記念物に指定されています。

❹ 黒姫山と妙高山：2004 年 10 月 22 日　青森→伊丹（右窓）　S.U

K 黒姫山（2053m）、M 妙高山（2454m）、S 関川、J 上信越自動車道

長野県側の黒姫山と新潟県側の妙高山の間を流れる関川が県境です。どちらも成層火山で山頂部はカルデラと中央火口丘が形成され、斜面はスキー場として利用されています。

❺ 北アルプス　剣岳・立山と弥陀ヶ原：1999 年 11 月 21 日　羽田→富山（右窓）　S.M

Ts 剣岳（2999m）、B 別山、M 真砂岳、Ta 立山三山、O 奥大日岳、D 大日岳、Mu 室堂平、Mi 弥陀ヶ原

富山空港に向けて降下中の機窓から望む剣岳と立山連峰です。黒々と岩壁を巡らすのが剣岳、手前には大日岳から立山三山に続く白い山稜が連なっています。画面右下の急崖を連ねた谷は常願寺川の源流部にあたり、立山カルデラと呼ばれていますが、陥没カルデラではないようです。室堂平周辺には現在も噴気活動を続ける爆裂火口があり、活火山として認定されていますが、弥陀ヶ原を形成する火砕流や溶岩流などを噴出した時代の火山の山頂部は、現在は立山カルデラの浸食が進んで失われています。

❻ 仁科三湖と北アルプス：2018 年 8 月 23 日　新潟→伊丹（右窓）　S.U

K 木崎湖、N 中綱湖、A 青木湖、T 立山、O 大町市街、H 白馬村、Od 大町ダム

北アルプス山麓の大町市と白馬村を結ぶ谷間には糸魚川－静岡構造線が位置しており、この谷間を境に東（写真下側）は標高 1000m 級の山地であるのに対して西（写真上側）は標高 3000m 級の急峻な山地を形成しています。また谷間には崩壊土砂や扇状地の堆積土砂で堰き止められた仁科三湖があって、一帯は北アルプスの主要な観光地になっています。

N 西穂高岳（2909m）、O 奥穂高岳（3190m）、M 前穂高岳（3090m）、K 北穂高岳（3106m）、Y 槍ヶ岳（3180m）、Ot 大天井岳（2814m）、C 蝶ヶ岳（2664m）、T 剣岳（2999m）、Ya 薬師岳（2926m）、U 後立山連峰、A 梓川、Ta 高瀬ダム湖

❼ 上高地上空からの北アルプス：2017 年 10 月 31 日　羽田→小松（右窓）S.U

上高地上空からは 3000m 級の急峻な山々が連なる北アルプスの主要部が見渡せます。

❽ 穂高連峰：2001 年 3 月 13 日　羽田→富山（左窓）　K.K

北側（写真 ❼ の逆側から撮影）から望む穂高連峰で、北穂高岳、奥穂高岳、前穂高岳に囲まれた凹地は氷河の浸食で出来たカールです。 蝶ヶ岳の稜線には稜線部が凹んだ線状凹地が見えます。線状凹地は岩盤の変形によってできたものと言われています。

❾ 奈川渡ダムと乗鞍岳：2018 年 8 月 23 日　新潟→伊丹（右窓）　S.U

N 乗鞍岳（3025m）、Y 焼岳（2455 m）、A 梓川、Na 奈川渡ダム、No 乗鞍高原

乗鞍岳は標高 2700m 地点まで登山バスがあるので天気が良ければ容易に登頂することが出来る百名山です。写真下には奈川渡ダム（アーチ式コンクリートダム、堤高 155m）が梓川をせき止めた梓湖が見え、梓川を上流にたどると焼岳に達します。

⑩ 松本盆地と北アルプス：2017 年 10 月 31 日　羽田→小松（右窓）　S.U
S 犀川、K 北アルプス後立山連峰、M 松本市街、O 大町市、N 長野盆地

活断層である糸魚川－静岡構造線が盆地の東縁（写真右側の山麓）に沿って松本市街から大町市方向に延びています。構造線の西側（写真左）には標高 3000m 級の北アルプスの山々が連なります。盆地を横断する犀川は写真右手の山地に峡谷を形成して横断し、長野盆地へと抜けています。

⑪ 美ヶ原と北信の火山群の遠望：2001 年 3 月 12 日　羽田→小松（右窓）　S.M
U 美ヶ原（王ヶ頭、2034m）、Ub 牛伏山、H 鉢伏山（1929m）、Tb 高ボッチ山（1665m）、M 松本盆地、Ud 上田盆地、My 妙高山、Hi 火打山、Ny 新潟焼山

松本盆地と上田盆地の間の筑摩山地南部には、美ヶ原、鉢伏山、高ボッチ山などの平頂峰が見られます。頂上部の草地が、積雪期には広い雪原になって目を引きます。これらの地形は、低地を埋めた溶岩などがその後の隆起によって周囲を浸食され、台地状に残ったものと考えられています。美ヶ原山頂部の王ヶ頭付近は厚さ約 100m の安山岩溶岩、隣の牛伏山付近は、主に古い花崗閃緑岩が分布しています。遠景には妙高山、火打山、新潟焼山などの北信の火山群、右端には菅平や志賀高原周辺の上信国境の山々が見えます。

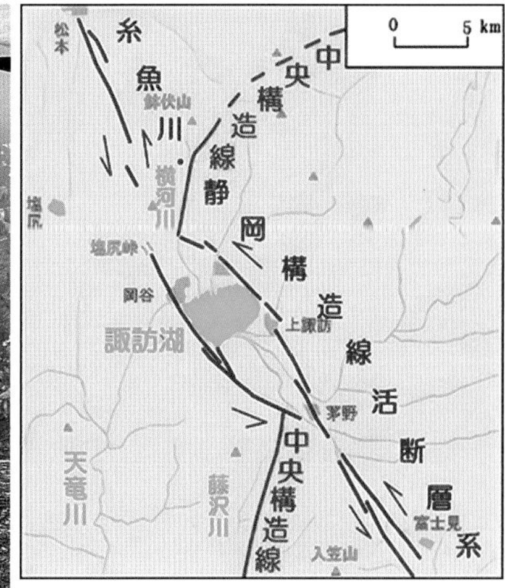

大鹿村中央構造線博物館 HP

⓬ 御神渡りの跡が残る諏訪湖：2001 年 3 月 13 日　羽田→富山（左窓）　K.K
I 伊那谷、C 茅野、K 上諏訪、O 岡谷、MTL 中央構造線（写真は下が北）

諏訪湖を中心とする諏訪盆地は中央構造線と糸魚川－静岡構造線が交差する位置にあります。糸魚川－静岡構造線は盆地の両側に別れて走っており、盆地は断層の左横ずれ運動によってできた断層盆地です。中央構造線は糸魚川－静岡構造線の左ずれ運動によって切られ、左側に大きくずれています。諏訪湖の氷の割れ目は御神渡りのところが溶けた跡と思われます。

⓭ 湖面の広さが変動する諏訪湖：2003 年 6 月 29 日　羽田→小松（右窓）　S.M
Te 天竜川、O 岡谷、Ka 釜口水門、S 下諏訪、K 上諏訪、T 高島城址

諏訪湖は、長野県内では面積が最大の湖ですが、先史時代には地殻変動と気候変動によって湖面の広さはたびたび変わりました。古代・中世には水面がもっと広かったようですが、近世以降も湖面の縮小は続いています。湖岸からやや離れた林叢（りんそう）地（T）は、戦国時代に築かれた高島城の城址です。古絵図によると、城の建つ場所は 16 世紀半ばには湖中に突出した岬の先端でしたが、1590 年頃にはちょうど湖岸になっていました。写真手前側の耕作地も当時は水面でした。その後、現在は釜口水門（Ka）と呼ばれる天竜川への流出口を掘り下げて水位を低下させ、湖岸の新田開発が行われました。20 世紀以降、そこには居住地が進出しています。

⓮ 八ヶ岳と山麓の高原：2015 年 1 月 24 日　神戸→茨城（左窓）　S.M

A 赤岳（2899m）、Te 天狗岳（2646m）、T 蓼科山（2531m）、K 霧ヶ峰、S 諏訪湖、Jh 鉄道（JR）最高地点、N 野辺山駅、C 千曲川

八ヶ岳火山は、頂嶺まで侵食が進んだ急峻な南八ヶ岳（最高峰は赤岳）と、山上に噴出した溶岩によるなだらかな地形が残る天狗岳以北の北八ヶ岳〜蓼科山からなります。蓼科山の左手には霧ヶ峰の平頂が並んでいます。霧ヶ峰の左手に見える諏訪湖の低地と、その右上に続く細長い松本盆地の彼方に空を限る白嶺は、北アルプスの山々です。写真中央下の大きな雪原は農地が広がる野辺山原で、小海線の JR 鉄道最高地点（標高 1375m）があります。

⓯ 蓼科山：2017 年 10 月 31 日　羽田→小松（右窓）　S.U

T 蓼科山（2531m）、Y 横岳（2480m）、M 女神湖、F 双子池

八ヶ岳連峰の北端に位置する円錐状の火山で諏訪富士とも呼ばれる日本百名山であり、山麓の緩斜面には別荘地が広がります。

⑯ 奥秩父　金峰山・国師岳・甲武信岳：2009 年 12 月 12 日　羽田→富山（左）　S/M

Kp 金峰山（2599m）、Ks 国師岳（2591.9m）、Kb 甲武信岳（2475m）、S 三宝山（2483.6m）、T 木賊山（2468.8m）

初冬の奥秩父山地主稜の山々です。甲武信岳はその名のとおり、山頂に甲斐・武蔵・信濃の国境があります。また、太平洋に流れる富士川・荒川と日本海に流れる信濃川（長野県内は千曲川）の源流にあたります。千曲川源流の標識は、山頂から標高差 300m ほど下った沢の中（C）にありますが、谷地形はさらに上流側に続き、甲武信岳と三宝山との鞍部に延びます。荒川源流（A）の標識は真の沢にあります。金峰山の山頂が白いのは冠雪のためでしょう。

⑰ 甲府盆地：2019 年 11 月 1 日　羽田→高松　S.U

Fj 富士川、Ka 釜無川、Ff 笛吹川、Y 八ヶ岳、M 南アルプス、Ko 甲府市街

甲府盆地は写真左側の山麓と笛吹川沿いの山麓には活断層があることと、甲府市街地の背後の山地に囲まれて三角形の盆地になっています。東からの笛吹川と西からの釜無川が合流して富士川になって盆地から出ていきます。盆地の山裾には多くの扇状地が発達し果樹園として利用され、甲府市街も扇状地に位置します。

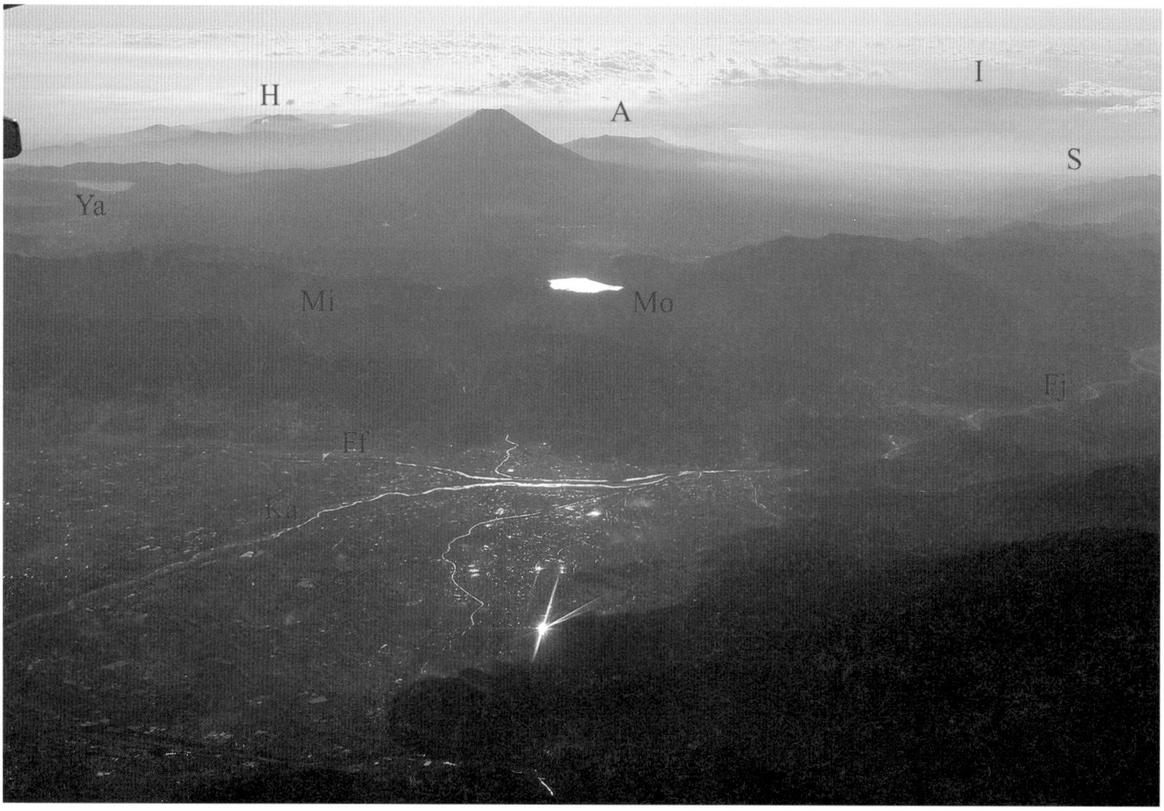

⓲ 甲府盆地と富士山：2016 年 1 月 9 日　神戸→茨城（右窓）　S.M

Ya 山中湖、H 箱根火山、A 愛鷹山火山、Mi 御坂山地、Mo 本栖湖、Mi 御坂山地、I 伊豆半島、S 駿河湾、Ka 釜無川、Ff 笛吹川、Fj 富士川

甲府盆地北縁の上空から、朝の逆光の中の富士山とその周辺の山々を眺めました。写真中央の光る水面は本栖湖、その手前に御坂山地を挟んで甲府盆地が広がり、笛吹川と釜無川の合流部の川面も光っています。駿河湾岸から富士山麓を上って本栖湖畔を通り、御坂山地の峠を越えて甲府盆地に至る道は、古来、中道往還と呼ばれ、海産物などを運ぶ重要な輸送路でした。駿河湾岸～甲府間の行程は、人馬行でほぼ一昼夜といわれ、生魚を腐らせずに運ぶことができました。

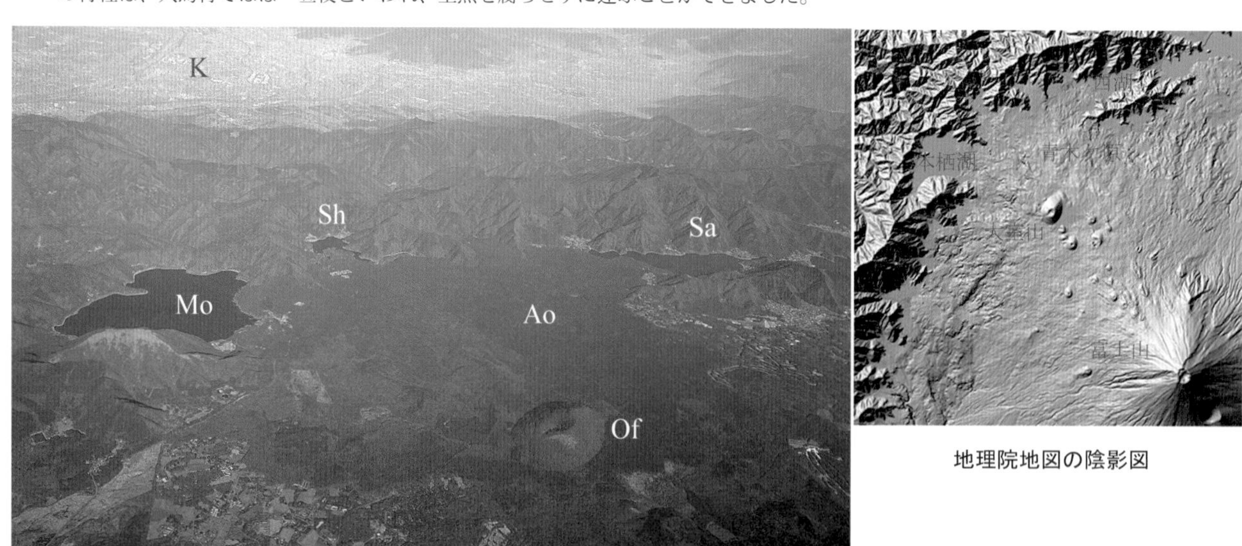

地理院地図の陰影図

⓳ 大室山と富士五湖の本栖湖など：2021 年 12 月 12 日　羽田→熊本（右窓）　S.U

Mo 本栖湖、Sh 精進湖、Sa 西湖、Of 大室山、Ao 青木ヶ原樹海、K 甲府盆地

富士山北西山麓の青木ヶ原樹海は 864 年の噴火で流れ出た溶岩流で形成された地形で、当時「せの海」と呼ばれた大きな湖に溶岩流が流れ込んだため、残った湖が本栖湖、精進湖、西湖です。大室山は富士山の山頂を含んで北北西－南南東方向に並ぶ多数の側火山の 1 つのスコリア丘です。

⑳ 富士山と愛鷹山：2017 年 10 月 13 日　羽田→伊丹（右窓）　S.U
A 愛鷹山（1187m）、U 浮島ヶ原、H 富士山宝永火口、T 新東名高速道路

愛鷹山は 10 万年前に活動を終えた古い火山で放射状の谷による侵食が進んでいます。山裾には駿河湾沿いの砂丘との間に後背湿地の浮島ヶ原が広がり、地盤が悪いため東海道新幹線、東名高速道路、新東名高速道路はここを避けて愛鷹山の山麓斜面に建設されています。

㉑ 伊豆大室山と城ヶ崎海岸：2017 年 1 月 22 日　関空→羽田（左窓）　S.U
Oi 大室山（580m）、J 城ケ崎海岸、H 初島、I 伊東市街

約 4000 年前に噴火した単成火山のスコリア丘で標高 580m、山麓からは多量の溶岩が流出して海まで流れ込みました。溶岩の流れた跡は伊豆高原や城ヶ崎海岸などの景勝地となっています。

㉒ 南アルプス北部とフォッサマグナ：2019年11月1日　羽田→高松（右窓）S.U

Ka 甲斐駒ヶ岳（2967m）、S 仙丈ケ岳（3032m）、K 北岳（3193m）、A 間ノ岳（3189m）、N 農鳥岳（3025m）、H 鳳凰三山、Y 八ヶ岳、O 大井川、Ha 早川

南アルプス北部の代表的な山々が連なり八ヶ岳との間には糸魚川－静岡構造線があって写真上側はフォッサマグナ地域になります。

㉓ 長野県大鹿村大西山崩壊：2005年3月21日　羽田→福岡（右窓）　K.K

O 大西山崩壊地、Os 大鹿村、K 小渋川、A 青木川、Ks 鹿塩川、KD 小渋ダム

小渋川と青木川の合流点付近で昭和36年梅雨前線による集中豪雨によって約300万 m^3 が崩壊し、対岸の集落で42名が犠牲になりました。鹿塩川と青木川を結ぶ谷沿いには中央構造線（赤矢印）が走っており、その西側には数百mに亘って帯状にマイロナイト（鹿塩マイロナイト）が分布していて、崩壊地点も鹿塩マイロナイトからなっています。小渋川の下流には小渋ダム（アーチ式コンクリートダム、堤高105m）があります。

㉔ 南アルプス　荒川岳と荒川大崩壊地：
2007 年 10 月 17 日　羽田→神戸（右窓）S.M

Ar 荒川岳（悪沢岳、3141m）、Am 荒川前岳（3068m）、S 三伏峠、Si 塩見岳（3052m）、 Ai 間ノ岳、H 広河原

荒川岳から三伏峠を経て、間ノ岳に続く南アルプス中部の主稜線です。主稜線の西側（写真左手）の斜面には、植生が失われ裸地となっている崩壊地がいくつも見えます。手前の大きな崩壊地は、荒川岳前岳直下から小渋川源流部の広河原まで落ち込む荒川崩壊地です。小渋川流域の奥山は、江戸時代には幕府の天領で、都市の建築用木材を大量に産出しました。しかし次第に荒廃が進み、18 世紀半ばには、村役人が広河原付近で山抜け谷崩れなどによって埋まった木を見分したことが古文書に記録されています。

㉕ 安倍川上流大谷崩：2009 年 9 月 25 日　羽田→松山（右窓）K.K
O 大谷崩、S 七面山（1989m）、Y 山伏（2013m）、U 梅ヶ島温泉

大谷崩れは 1707 年 10 月の宝永地震による大規模崩壊で、立山鳶山崩れ、稗田山崩れとともに日本三大崩れの 1 つです。崩壊土量は 1 億 2 千万 m^3 もあります。この付近は第四紀の急激な隆起と古第三紀の砂岩泥岩互層の地質条件から浸食が激しく、近くには七面山の崩壊など大規模な崩壊が多く発生しています。

26 **大井川上流畑薙湖**：2004 年 4 月 10 日　羽田→福岡（左窓）　K.K
H 畑薙湖、K 上河内岳、T 光岳

中空重力式コンクリートダム単独としては世界一の高さを誇る畑薙ダム（堤高 125m）の造る畑薙湖は直下流の畑薙第 2 ダムを下池とする揚水発電用の人造湖です。畑薙湖のある赤石山脈の大井川最上流部付近は第四紀における地盤隆起量が 1500m 前後と日本で最も隆起しているところのひとつです。また日本でもっとも浸食の激しい赤石山脈の中でも浸食の激しいところで、年 3 ～ 5mm の浸食量があります。

27 **大井川上流のダム湖　井川湖**：2006 年 11 月 9 日　羽田→神戸（左窓）　S.M
ID 井川ダム、D 大日峠、F 富士見峠

大井川の井川湖を上流側から俯瞰しました。1957 年に完成した井川ダム（高さ 103.6m）は、スイスのディクサンスダム（1935 年）やイタリアのダムの先例に倣って、中空重力式コンクリートダムとして建設されました。ダムの建設にあたっては、資機材運搬のための専用鉄道「井川線」の延伸（現在廃止）、居住地の高台移転、稲作可能な農地造成のほか、村と静岡市中心部とを結ぶ道として、ダム湖左岸の尾根にある大日峠の隣に、富士見峠を越えて安部川流域に至る車道が整備されました。

㉘ 大井川と富士山：2018 年 8 月 26 日　広島→羽田（左窓）　S.U

F 富士山、O 大井川、M 美保の松原、S 島田、Y 焼津、A 静岡空港

山地を侵食しながら蛇行する大井川は山地から出ると運搬した土砂を堆積させて海岸まで扇状地を形成します。河口からは運搬した土砂が美保の松原の方向に流れていく状況が写真でわかります。静岡空港はお茶の産地である牧ノ原台地の端に位置します。

㉙ 浜岡砂丘と遠州灘：2001 年 11 月 27 日
羽田→高知（右窓）　S.U

K 菊川、O 御前崎市

海岸線に対して斜めに雁行状の砂丘列が発達していますが、飛砂対策として人工的に垣根を設置して砂丘の位置を制御したものです。写真外になりますが御前崎市街に隣接する海岸には原子力発電所があります。

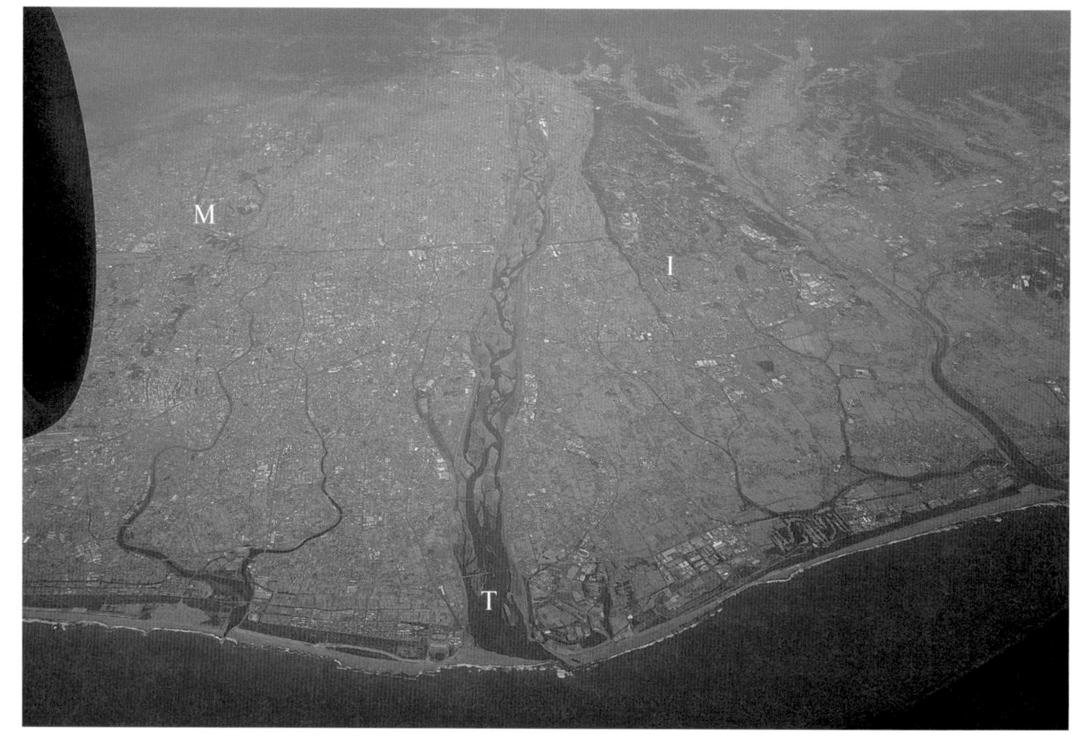

30 天竜川と遠州灘：2017 年 2 月 18 日　福岡→羽田（左窓）　S.U
T 天竜川、M 三方原台地、I 磐田原台地

天竜川の下流部は河口まで広大な扇状地であり河道は網状流になっています。天竜川の両岸には古期の扇状地が段丘化した三方原台地と磐田原台地が広がり、平滑な海岸線は砂丘によって縁どられています。

31 浜名湖：2017 年 11 月 25 日　福岡→羽田（左窓）　S.U
H 浜名湖、I 猪鼻湖、In 引佐入江、B 弁天島、K 湖西市新居町

浜名湖は太平洋の入江でしたが沿岸流で供給された土砂の堆積によって入り江の出口を閉じられた潟湖（ラグーン）です。1498（明応 7）年の地震により発生した津波によって湖と海を隔てていた砂州が決壊して海とつながりました。新幹線や東海道線は弁天島を通って浜名湖を通過し、東名高速道路は湖の奥の引佐入江を橋梁で通過しています。

32 中… 羽田→福岡（右窓）S.U
N 乗鞍岳（3026m）、… 央アルプス、O 御嶽山（3067m）、
H 鉢盛山（2446m）、…

御嶽山と中央アルプスの間に… 19 号や JR 中央線の交通路になってい
ます。また古くから信濃と飛騨… 間には野麦峠、乗鞍岳と北アルプス焼
岳の間には安房峠があります。

33 中央アルプス　木曽駒ヶ岳の氷河地形：2003 年 6 月 9 日　羽田→小松（左窓）　S.M
Im 伊那前岳（2883.6m）、K 木曽駒ヶ岳（2956.1m）、Km 木曽前岳（2826m）

中央アルプスに残る氷河地形としては、宝剣岳の東側斜面、千畳敷カールが有名ですが、それ以外にも立派な圏谷（カール）がいくつもあります。中央アルプス北端部に東西に並ぶ伊那前岳、木曽駒ヶ岳、木曽前岳の北向きの斜面には 5 つの圏谷があります。椀底型の圏谷底と細い谷筋を並べた圏谷壁の形状を、残雪が際立たせています。雪の残る峰々の中で最も奥側に見えているのは、空木岳です。

34 木曽駒ヶ岳：2022 年 3 月 10 日　伊丹→福島（左窓）S.U

K 木曽駒ヶ岳（2956m）、Km 木曽前岳、S 千畳敷カール、O 太田切川、C 中央自動車道駒ヶ根インター

中央アルプス主峰の木曽駒ヶ岳の山頂近くには氷河期に氷河によって、お椀状に削られた明瞭なカール地形があります。樹林限界を越えたカールの底（標高約 2600m）までロープウェイが通じていて容易に氷河の残した地形やお花畑を楽しむことが出来ます。

35 御嶽山の噴火：2014 年 10 月 8 日　羽田→福岡（右窓）K.K　**36** 御嶽山：2018 年 8 月 23 日　新潟→伊丹（右窓）S

K 剣ヶ峰（3067m）、D 御嶽崩れ跡、O おんたけ 2240 スキー場、R ロープウェイ飯森高原駅

最高峰は剣ヶ峰で、2014 年 9 月 27 日に 7 年ぶりに噴火し、死者行方不明者 63 名を出しました。左写真は噴火直後、右写真は噴火 4 年後の様子です。また、1984 年 9 月 14 日の長野県西部地震（M = 6.8）によって山体南側（写真 D 地点）で大規模な崩壊（御嶽崩れ、推定土量 3400 万 m^3）が発生し、流れ下った大規模な土石流によって 29 人が犠牲になりました。

37 **阿寺断層と中部山岳**：2016 年 12 月 19 日　羽田→福岡（右窓）　S.U
O 御嶽山（3067m）、N 乗鞍岳（3025m）、C 中央アルプス、K 木曽川、Na 中津川、S 坂下

活断層の阿寺断層（矢印）を横切る谷筋は左横ずれの断層運動によってクランク形状になっています。断層を境にして手前は標高 1000m 級の山地ですが、後方は御嶽山、乗鞍岳、中央アルプスなどからなる標高の高い山地が広がります。

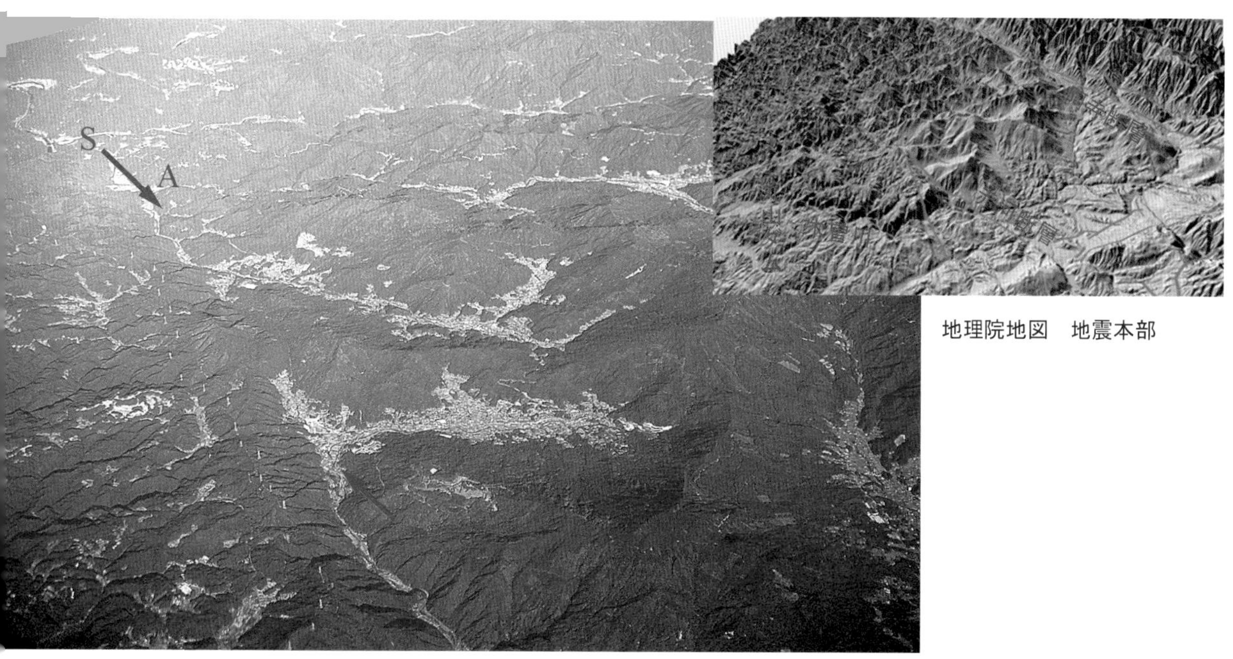

地理院地図　地震本部

38 **三河高原の赤河（あこう）断層**：2001 年 11 月 16 日　羽田→福岡（左窓）K.K
A 赤河断層、K 笠置山（1128m）、S 白川町

赤河断層は、根尾谷断層、阿寺断層（37 参照）、温見断層などと美濃三河高原を北西－南東方向に走る断層の 1 つです。地震本部による屏風山・恵那山断層帯及び猿投山断層帯を構成する断層帯の 1 つで、写真左側が右側に対して相対的に隆起している断層です。

㊴ 木曽川：2002 年 11 月 28 日　羽田→大分（右窓）　K.K
M 丸山ダム、K 兼山ダム

木曽川には濃尾平野に入る前に丸山ダムや兼山ダムなどがあります。木曽川は、中津川より下流は土岐川が流れる JR 中央線や中央道があるところを通らず、美濃三河高原を穿つように流れています。木曽川は美濃三河高原が隆起する前の先行河川として流れていると思われます。

㊵ 大笠山と笈ヶ岳　山頂部の崩壊地形：2008 年 5 月 18 日　羽田→小松（右窓）S.M
Og 大笠山（1822m）、Oz 笈ヶ岳（1841m）、S 千丈平

羽田空港から小松空港に向かう便は、乗鞍岳付近の上空から次第に高度を下げ、岐阜県・富山県と石川県の県境をなす両白山地の主稜をかすめるようにして金沢平野に降下していきます。この時、左側の機窓に広がる白山の姿は圧巻ですが、反対側の窓から望む山々も見応えがあります。尾根直下に黒々とした急崖を巡らせた笈ヶ岳は、白山以北の両白山地の最高峰です。大笠山の手前の起伏に乏しい緩斜面は千丈平と呼ばれ、風穴があることで知られています。緩斜面を囲む馬蹄形の急崖や風穴の存在は、千丈平が大規模な崩壊により形成されたことを物語っています。

41 白山と北アルプス：2018 年 3 月 6 日　小松→羽田（左窓）S.U
H 白山（2677m）、K 北アルプス、S スキージャム勝山スキー場

白山は中生代白亜紀の堆積岩（手取層群）の山地の上に形成された小規模な火山です。周辺の河谷の侵食によって白山周辺には大規模で活動的な地すべりが多く見られます。

42 揖斐川上流徳山湖：2014 年 3 月 11 日　羽田→福岡（右窓）　K.K
T 徳山ダム、I 揖斐川（いびがわ）断層、S 根尾白谷の大規模崩壊地、Nh 能郷白山（1617m）、K 金草岳（1227m）

徳山湖は、揖斐川上流にある徳山ダム（ロックフィルダム、堤高 161m）によって造られた湖です。総貯水容量 6 億 6 千万 m^3 は日本最大で、堤高も日本第 3 位です。貯水池は揖斐川断層（赤矢印）によって造られた断層線谷を利用しています。写真右手には昭和 40 年に発生した根尾白谷の大規模崩壊地が見えます。

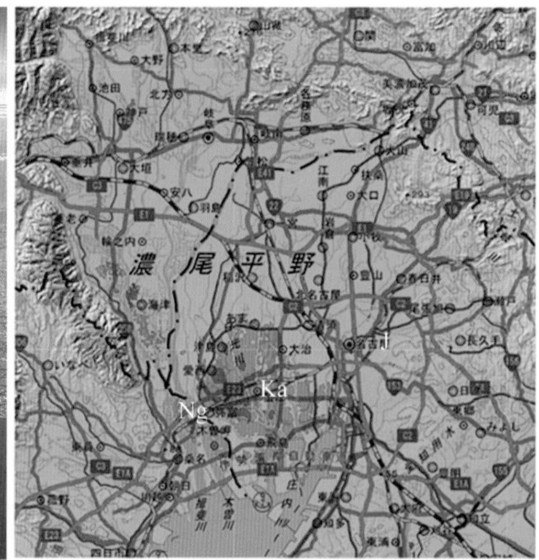

43 濃尾平野：2012 年 10 月 19 日　福岡→羽田（左窓）　K.K　　地理院地図

NC 名古屋市、K 木曽川、I 揖斐川、N 長良川、C 中部国際空港、J 自由が丘、Ka 蟹江、Ng 長島

木曽川は濃尾平野に入ると名古屋を迂回するように平野の西端を流れて伊勢湾に注いでいます。濃尾平野は緩やかに西に向かって傾斜（傾動）していて、西端には養老断層があり、養老山地が屏風のように立ちはだかっています。名古屋市千種区自由が丘付近に露出している鮮新世後期の地層（市之原層）は約 18km 離れた蟹江で地下約 400m に、またさらに南西の 9km 離れた木曽川と揖斐川の間の長島で 500m 以上の深さに分布しています。

44 名古屋市街地：2006 年 11 月 9 日　羽田→神戸（左窓）　S.M

Ns 名古屋駅、Hi 久屋大通、W 若宮大通、H 堀川、N 名古屋城、F 古鳴海（ふるなるみ）、A 熱田神宮、T 天白川、Y 山崎川

びっしりと建物が密集した名古屋市の中心部ですが、市内は道路幅が広いことで知られています。久屋大通と若宮大通は幅が約 100m あります。市街地は平坦に見えますが、名古屋城から熱田神宮にかけては熱田台地があり、周囲の低地からの比高は 10 〜 5m ほどあります。堀川は、17 世紀初頭に名古屋城の建設資材を運ぶ水路として整備されたといわれています。古鳴海と熱田神宮を結ぶ平安時代の東海道は、天白川と山崎川を横断する箇所が広い干潟になっていたようです。西暦 1020 年に東国から京都への旅の途上にあった「更級日記」の作者は、満ち潮が迫る中を走るようにして渡ったと記しています。

名古屋市街地周辺の地形（地理院地図）

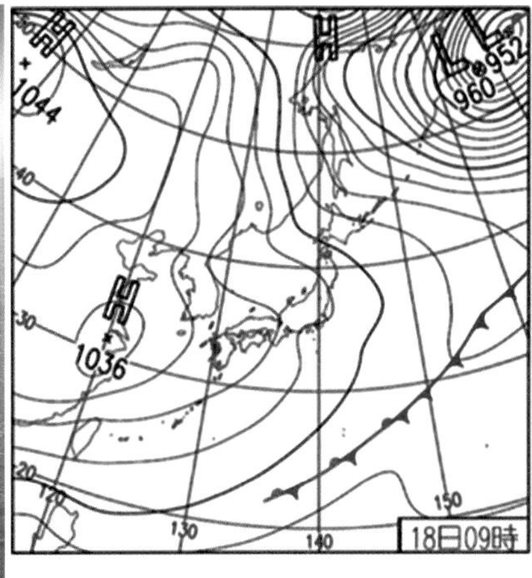

2015 年 12 月 18 日 9 時の天気図（気象庁）

㊺ 知多半島と濃尾平野への季節風の吹き出し：2015 年 12 月 18 日
羽田→高知（右窓） S.M

I 伊勢湾、C 中部セントレア空港、T 常滑市、H 碧南火力発電所、Y 矢作川河口、N 名古屋市

冬型の気圧配置で季節風の吹き出しが強い日は、雪雲が関ヶ原の谷あいを通って濃尾平野から伊勢湾まで進入します。この日は名古屋で初氷、福井市では雪、琵琶湖畔の彦根は前日に初雪を記録しました。知多半島に分布する東海層群の地層は、常滑焼の原料となる粘土を産出していますが、常滑市内には 1960 年代まで、亜炭層を採掘した炭鉱もありました。また海岸の砂丘などから産出する珪砂や山砂は、鋳型用の原料として採掘されていました。

コラム：小さな密航者

飛行機が運ぶのは乗客乗員と貨物だけではないようです。国内の検疫所における感染症媒介生物の進入調査の報告によると、2001 年から 2005 年に調査された国際線の航空機 2,161 機中、蚊科を含む昆虫が確認されたのは 171 機、そのうち 26 機で蚊が捕獲されました。また 2008 年から 2018 年の 11 年間に、国際線の 22,425 機のうち 240 機から蚊が捕獲されました。発見率は減少傾向にあるようですが、蚊以外の昆虫類も含めると、小さな密航者と乗り合わせる機会は、稀にはありそうです。 (S.M)

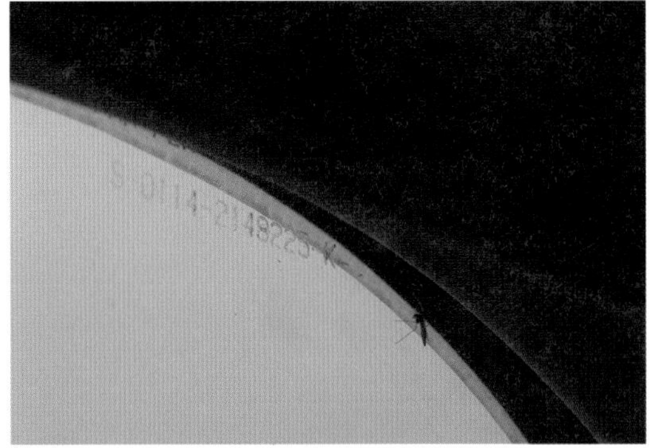

写真上：2016 年 6 月 29 日 羽田→伊丹
蚊の一種

写真下：2015 年 11 月 15 日 バンコク→成田
カメムシ目の昆虫の一種（種類の同定にあたり、東北大学名誉教授でフリーナチュラリストの昆野安彦さんの御教示をいただきました。この写真だけから種を同定するのはむずかしいということです。）

コラム：ダムの話

本書には、ダム湖やダムの写真を多く掲載しています。これは、筆者らの職業がダムなどの構造物や地すべり・斜面崩壊、活断層などに関係しているからです。

ダムには、治水・利水を目的としたダム、治山を目的とした治山ダム、砂防ダム、鉱山廃棄物用の鉱滓ダム、地すべりなどによって河道が閉塞してできた天然ダムなどがありますが、ここでは治水・利水を目的としたダムについてお話しします。

ダムの定義は各国で違いますが、日本では河川法で高さ 15m 以上をダム、15m 未満を堰（堰堤）としています。国際大ダム会議では 5 ～ 15m をローダム、15m 以上をハイダムとしています。ダムの目的には、洪水調節の治水、発電用水や上水道用水、工業用水、灌漑用水などの利水、流水の正常な機能の維持などがあります。

ダムの型式で主なものは、コンクリートダムとして重力式ダム、中空重力式ダム、アーチ式ダムが、フィルダムとしてアースダム、ロックフィルフィルダムがあり、アースダム・ロックフィルダムにはそれぞれ均一型、ゾーン型、表面遮水型などがあります。また日本で開発された現地発生材を用いて環境にやさしい新しい型式の台形 CSG（Cemented Sand and　Gravel）ダムもあります。 (K.K)

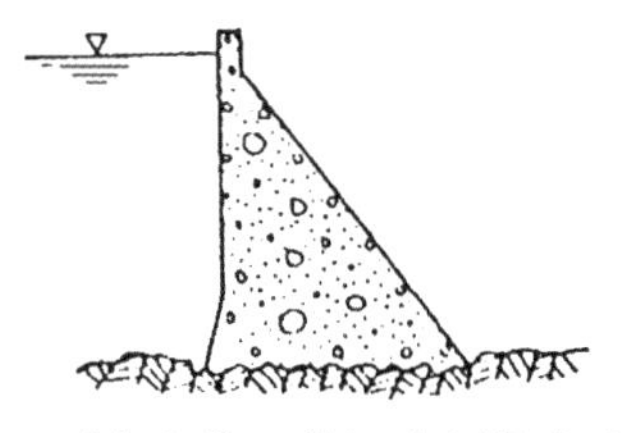
重力式ダム（例　宮ケ瀬ダム）

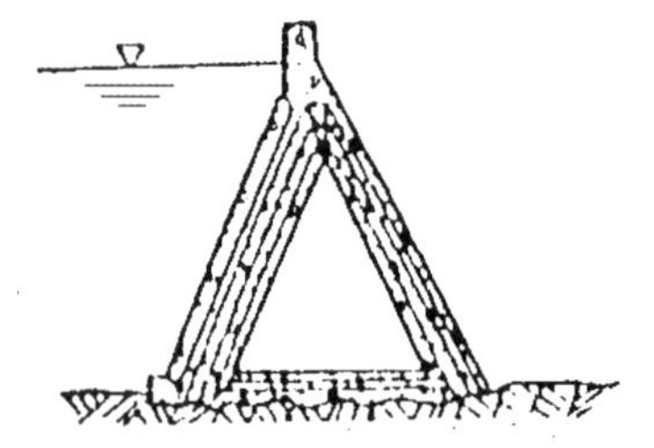
中空重力式ダム（例　井川ダム）

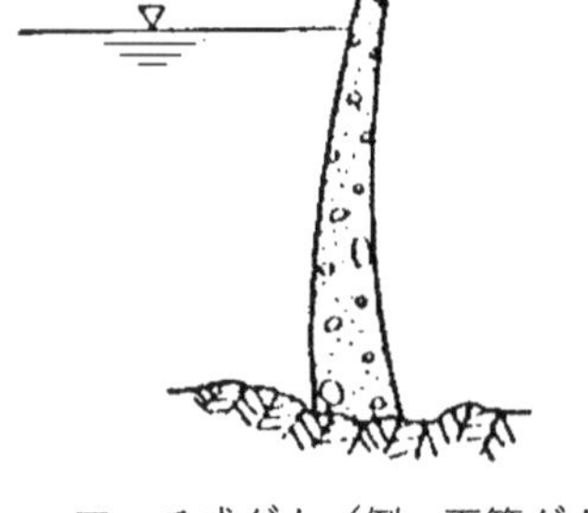
アーチ式ダム（例　下筌ダム）

均一型アースダム

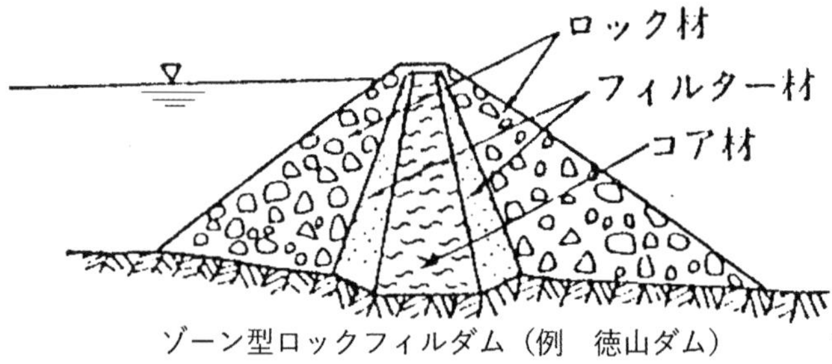

ゾーン型ロックフィルダム（例　徳山ダム）

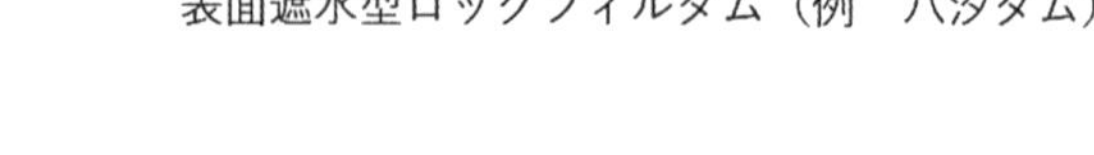
表面遮水型ロックフィルダム（例　八汐ダム）

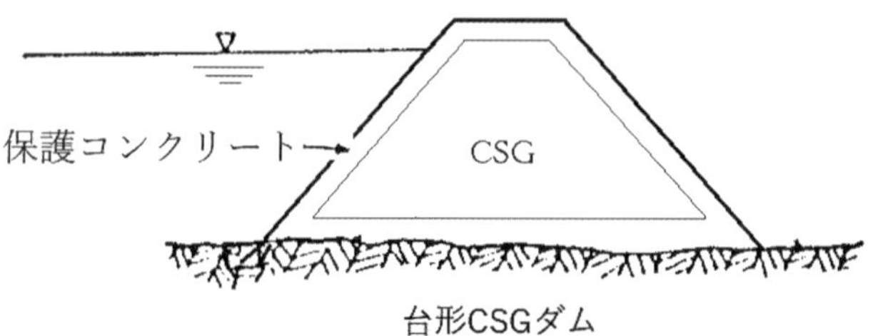

台形CSGダム

V　近畿地方

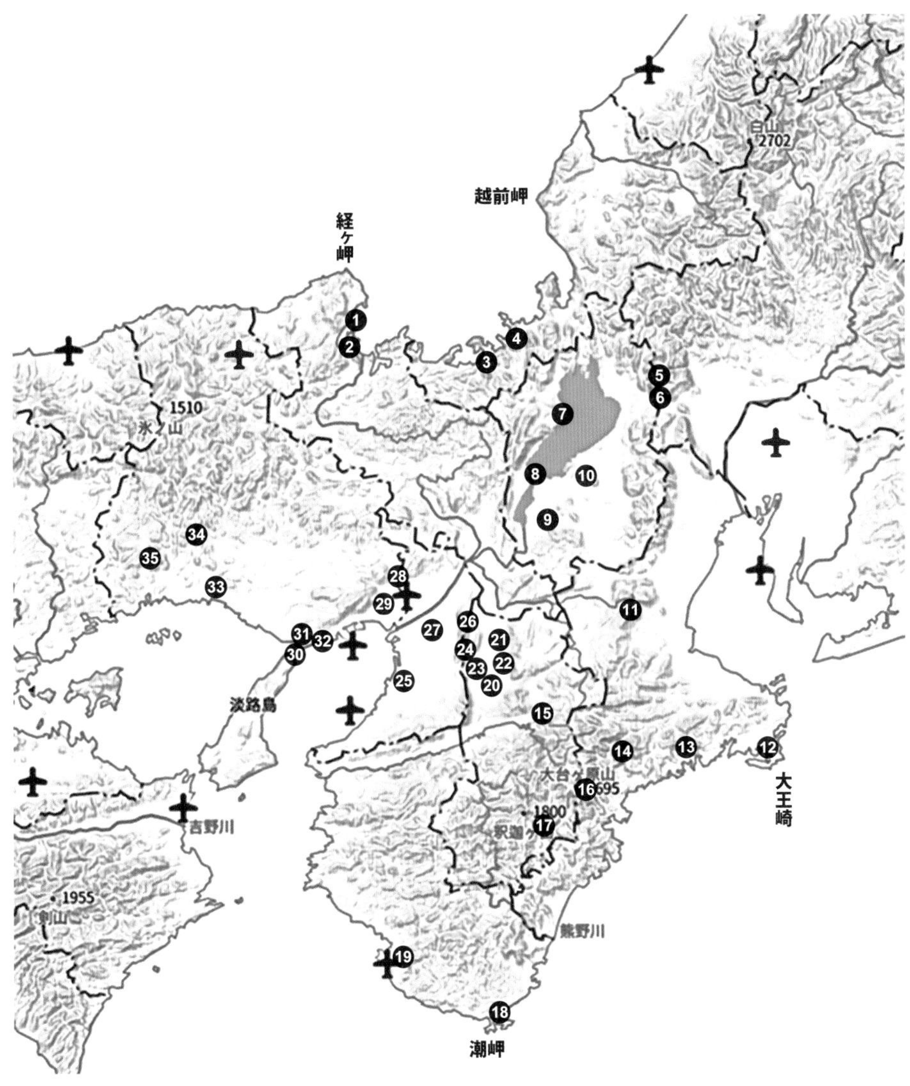

1　天橋立
2　天橋立　雪景
3　小浜
4　タイムカプセルの水月湖
5　積雪期の伊吹山地
6　伊吹山の石灰石鉱山
7　高島・饗庭野
8　琵琶湖・比良山地と花折断層
9　琵琶湖
10　琵琶湖上空の天気の変化
11　三重県青山高原の大規模ウィンドファーム
12　リアス海岸の英虞湾
13　山頂部の石灰石鉱山
14　紀伊山地の大規模崩壊地
15　紀伊山地　大台ヶ原・日出ヶ岳
16　大台ヶ原山
17　池原ダム湖と大峰山脈
18　紀伊半島南端の橋杭岩
19　南紀白浜空港
20　奈良盆地
21　焼失と再建の歴史を秘めた法隆寺
22　奈良盆地馬見丘陵南部の築山古墳
23　南側からの亀の瀬地すべり
24　北側からの亀の瀬地すべり
25　大阪平野の百舌鳥古墳群
26　大阪府と奈良県の境をなす生駒山地
27　ビルに囲まれた大阪城
28　ミニ日本列島が浮かぶ昆陽池
29　六甲山地と山麓市街地
30　明石海峡大橋
31　明石海峡大橋の主塔
32　五色塚古墳
33　世界遺産の姫路城
34　秘密基地のようなスプリング　8
35　中国自動車道と山崎断層

❶ 天橋立：2007 年 7 月 30 日　羽田→鳥取（右窓） S.U
A 天橋立、As 阿蘇海、M 宮津市街

天橋立は宮津湾と阿蘇海を隔てる長さ約 3.6km の砂州です。河川からの土砂供給の減少や潮流の変化で侵食を受けるため対策として多数の堆砂堤を設置しています。

❷ 天橋立　雪景：1999 年 2 月 23 日
羽田→鳥取（右窓）S.M
S 須津（すづ）、M 宮津市街

丹後半島を覆う雪雲の切れ間から天橋立が見えました。気象観測記録では、天橋立に近い宮津市の 2 月中の快晴の日数は 4 ～ 5 日程度。また 2 月の雪日数は、データのある隣の舞鶴市では約 14 日となっています（1991 年からの 23 年間の記録の平均値）。天橋立付近に雪が降る 12 月から 3 月までの間、空から雪晴れの絶景を望むことは簡単ではなさそうです。

地理院地図、地震本部

3 小浜：2014 年 4 月 18 日　羽田→福岡（右窓）　K.K
S 若狭町新道、M 三方五湖、O 小浜湾

若狭町新道を頂点とし、三方五湖（4 参照）、小浜湾を結ぶ三角形の範囲は背後の丹波高地より一段と低くなり、溺れ谷によってできた低地が発達しています。新道－三方五湖には三方断層、新道－小浜には熊川断層があり、両断層に囲まれた区域が相対的に下がってできた地形のようです。熊川断層沿いの街道が若狭街道（通称鯖街道）です。

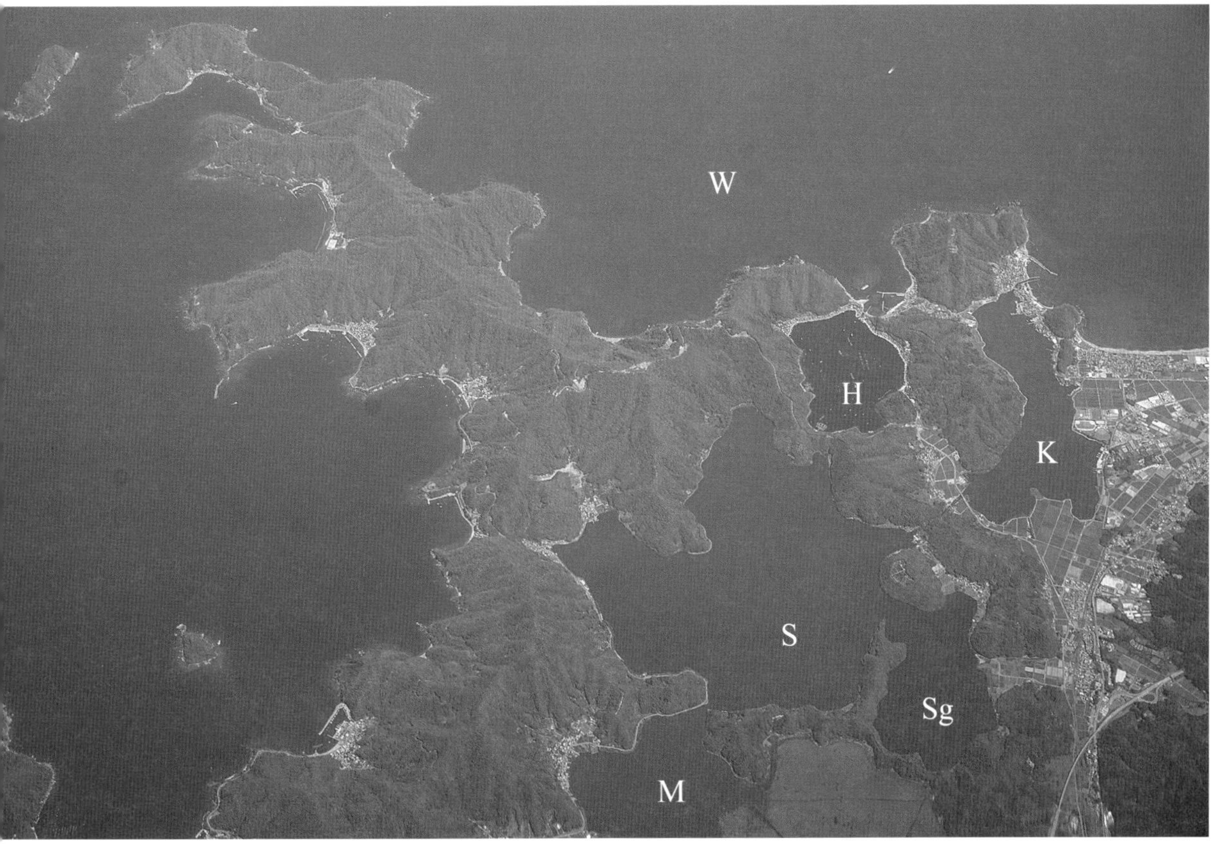

4 タイムカプセルの水月湖：2022 年 7 月 1 日　羽田→米子（右窓）　S.U
K 久々子湖、H 日向湖、S 水月湖、Sg 菅湖、M 三方湖、W 若狭湾

写真の 5 つの湖は三方五湖と呼ばれ、そのうち水月湖の海側には若狭湾につながる久々子湖と日向湖があり、山側には菅湖や三方湖があるので、水月湖には海水や河川水が直接に流入しない特異な環境にあります。このため水月湖の湖底には静かな環境で堆積した過去 7 万年分の貴重な年縞堆積物の存在が調査で明らかにされています。

❺ 積雪期の伊吹山地：2005 年 3 月 21 日　羽田→福岡（右窓）　K.K
I 伊吹山（1377m）、Ik 伊吹鉱山、S スキー場

東海道新幹線ができる前、大阪－名古屋に伊吹、比叡という準急（のちに急行）がありました。琵琶湖を挟んだ名山の名を冠した列車でした。伊吹山は豪雪でも知られ、1927 年 2 月 14 日に当時の山頂測候所で、世界最深の積雪（約 12m）を観測しています。積雪の多い地域であったので 1956 年スキー場が開設されて賑いがありましたが 2008 年以降は閉鎖されてリフトやゴンドラは撤去されました。

❻ 伊吹山の石灰石鉱山：2016 年 12 月 19 日　羽田→福岡（右窓）S.U
I 伊吹山（1377m）、Ik 伊吹鉱山、S スキー場跡

伊吹山の地質は石灰岩で、南西斜面は石灰石鉱山として稼行され、山容は大きく変わっています。南の山麓（写真下の範囲外）を走る東海道線や新幹線からはしばしの間、雄大な山容を眺めることが出来ます。

❼ 高島・饗庭野：2014 年 3 月 11 日　羽田→出雲（右窓）K.K
T 高島市、A 安曇川、H 花折断層、Sd 饗庭野演習場

琵琶湖西岸の安曇川によって造られた扇状地の北西にある饗庭野丘陵は更新世の古琵琶湖層からなる湖岸段丘で、北西（写真左上方向）に傾いているようです。沼や湿地が多くみられ、環境省の重要湿地に指定されています。西に花折断層があり、若狭街道（通称鯖街道）はここより西に曲がって小浜（近畿❸参照）につながっています。

❽ 琵琶湖・比良山地と花折断層：2011 年 11 月 20 日　羽田→大分（右窓）S.M
Bu 武奈ヶ岳（1214 m）、Ho 蓬莱山（1174 m）、A 安曇川、K 堅田、B 琵琶湖大橋

琵琶湖の湖岸は山地からの距離が短く、平野の大部分は扇状地の特徴を示しています。湖岸には湖面に突き出した形の大小の低地が並んでいますが、地形が三角州の特徴を示す部分は、岸辺に近いわずかな領域です。武奈ヶ岳を最高峰とする比良山地に沿って、緩やかに湾曲する筋状の谷は安曇川です。谷底付近には活断層である花折断層が通り、その延長部は京都盆地の中でも確認されています。

❾ 琵琶湖：2012 年 10 月 19 日　羽田→福岡（右窓）　K.K
O 大津、B 琵琶湖大橋、T 高島、H 彦根

琵琶湖は約 440 万年前に断層運動によってできた古代湖で、形を変えながら現在の姿になっています。最大水深は約 104m あります。初期の琵琶湖はもっと南（現在の伊賀市付近）にあり、当時の堆積物は古琵琶湖層群として広く分布しています。現在も沈降を続けていると思われ、竹生島の近くをはじめ湖底にいくつかの遺跡があります。

2019 年 12 月 9 日の天気図
（気象庁）

❿ 琵琶湖上空の天気の変化：2019 年 12 月 9 日　羽田→山口宇部（右窓）S.U
B 琵琶湖、N 日本海

搭乗機が琵琶湖付近にさしかかると北日本の高気圧と大陸の低気圧の風がぶつかりあって雲の境目が出来ていました。

⓫ 三重県青山高原の大規模ウィンドファーム：2022 年 10 月 26 日　羽田→伊丹（右窓）S.M
K 笠取山（842m）、S 航空自衛隊笠取山分屯基地、H 旧久居榊原風力発電施設、N 長野峠、B 琵琶湖

羽田空港から伊丹空港に向かう便が伊勢湾上空を過ぎると、やがて風車が立ち並ぶ青山高原が近づいてきます。布引山地の標高 700 ～ 800m の緩やかな稜線部と、その北方の長野峠に至る山稜には、これまでに 5 つの発電施設が運転する 90 基以上（最盛時）の風車が設置されました。これらを合わせた発電規模は、2020 年に青森県つがる市の風力発電所が運転開始するまでは、国内第 1 位でした。青山高原での風力発電の始まりは、1999 年に旧久居市が建設した発電所の 4 基の風車ですが、この 4 基は 20 年の運転を経て、老朽化のために撤去されています。大規模な風力発電施設の建設や運転に伴う自然環境の改変が周囲に与える影響については、各地で議論がなされています。

⓬ リアス海岸の英虞湾：2019 年 11 月 22 日　福岡→羽田（右窓）S.U
A 英虞湾（あごわん）、K 賢島、M 的矢湾、I 伊雑ノ浦

志摩半島の英虞湾は真珠貝の養殖が盛んで湾奥の賢島では 2016 年 5 月に伊勢志摩サミットが開かれました。海岸線は複雑な形のリアス海岸になっています。

近畿地方

⑬ 山頂部の石灰石鉱山：2018 年 11 月 27 日　羽田→高知（右窓）S.U
M 宮川、O 大内山川、K 国見山（三重）鉱山

志摩半島の付け根付近の山岳地帯の中に石灰石採掘鉱山があります。標高約 700m の尾根で採掘した石灰岩は山麓の吉津港まで約 6km の距離をベルトコンベアで運ばれ船積みされます。宮川と大内山川沿いは、紀勢自動車道、国道 42 号、JR 紀勢本線のルートになっています。

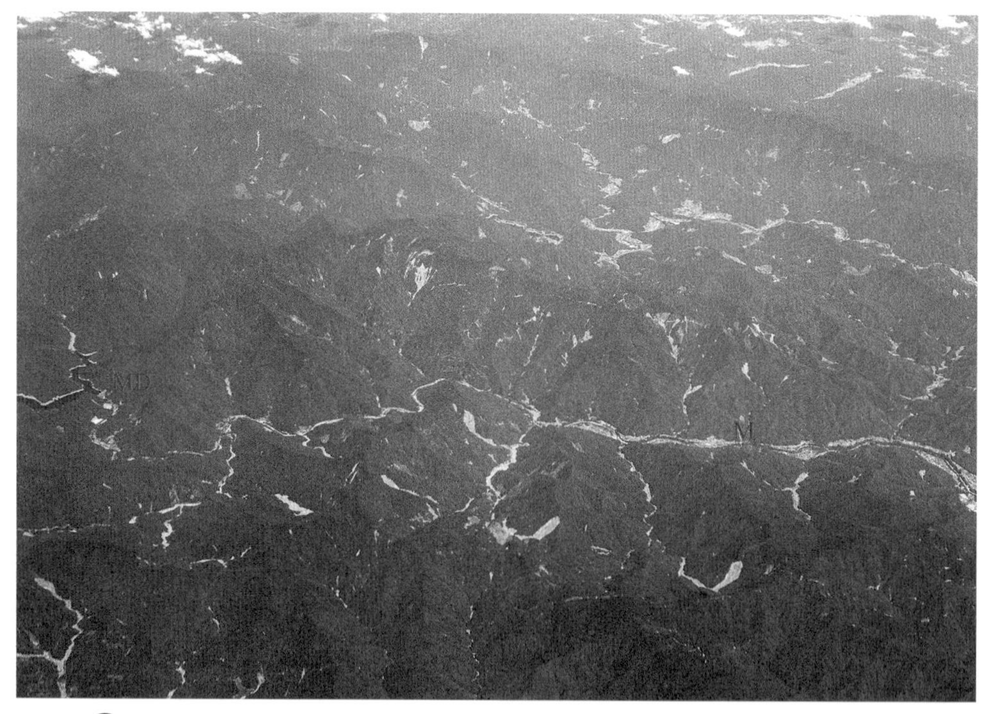

⑭ 紀伊山地の大規模崩壊地：2013 年 7 月 19 日　羽田→鹿児島（右窓）　S.M
M 宮川、MD 宮川ダム

大台ヶ原の日出ヶ岳を源流とする宮川の流域では、2004 年の台風 21 号と 2011 年台風 12 号によって土砂災害と洪水災害が発生しました。ところどころに、緑の山肌をえぐったような白っぽい裸地が見えています。これらは大規模な土砂崩れが起きた場所です。えぐれた部分は深く、崩れた土砂の量も膨大です。このような大規模な崩壊は、2011 年の豪雨の際には紀伊半島の南部でも多発し、現在は「深層崩壊」と呼ばれるようになりました。紀伊半島では、明治 22 年（1889 年）に十津川流域、昭和 28 年（1953 年）に有田川流域などで、歴史に残る大災害が発生しています。

⑮ 紀伊山地　大台ヶ原・日出ヶ岳：2016 年 3 月 29 日
羽田→伊丹（左窓）S.M

H 日出ヶ岳（ひのでがたけ）（1695m）、Sh 白髯岳（しらひげだけ）（1378m）、Sy 白屋岳（しらやだけ）（1177m）、U 宇陀市大宇陀市街

東日本方面から伊丹空港に向かう便が奈良盆地上空に近づくと、大台ヶ原の日出ヶ岳など紀伊山地の高峰が、午前中の逆光の中でシルエットを重ねていました。山々の手前側の急斜面は太陽の陰になって暗いため、飛行機との間にある空気分子が散乱する青色が強く表れて、山肌は深い青みを帯びて見えます。一方、この日の大気は、微小な水滴やエアロゾルによる散乱のため霞がちで、特に低高度の空は白っぽく霞んでいます。

⑯ 大台ヶ原山：2016 年 1 月 27 日　羽田→鹿児島（右窓）S.U

H 日出ヶ岳（ひのでがたけ）（1695m）、K 経ヶ峰（1529m）、Hi 東ノ川

奈良県と三重県の県境を成し日出ヶ岳、経ヶ峰などの峰を含めて大台ヶ原山と呼ばれます。国内有数の多雨地域で年間雨量は 4000mm 前後になります。山頂付近の標高 1570m 付近には大台ヶ原ビジターセンターがあって県道が通じています。東ノ川の下流にはわずかに坂本貯水池が見えます。

⑰ 池原ダム湖と大峰山脈：2018 年 11 月 27 日　羽田→高知（右窓）　S.U
K 北山川、M 弥山（1895m）、S 釈迦が岳（1799m）、I 池原ダム湖

池原ダムは奈良県南東部の新宮川水系北山川に建設された発電用ダムで 1965 年に完成しました。高さ 110m のアーチ式コンクリートダムで、下流にある七色ダムとの間で揚水発電を行っています。ダム湖の西側には釈迦が岳などからなる標高 1800 ～ 1900m の大峰山脈が連なります。

⑱ 紀伊半島南端の橋杭岩：2017 年 10 月 8 日　南紀白浜→羽田（左窓）　S.U
H 橋杭岩（はしくいわ）、K 古座川（こざがわ）、O 紀伊大島、Ku 串本市街

海岸から約 800m の長さで海中を右下に延びる細い岩の列が橋杭岩で、硬質な火山岩の岩脈のため周囲の柔らかな堆積岩が侵食されて残ったものです。串本や古座地区では津波対策として海成の段丘上に防災拠点や新しい宅地が作られています。

⑲ 南紀白浜空港：2018 年 11 月 28 日　羽田→高知（右窓）　S.U

T 田辺湾、S 瀬戸崎、So 白浜温泉、N 南紀白浜空港、Js JR 白浜駅、A アドベンチャーワールド

空港は海に張り出した標高約 90m の丘陵上に建設されています。滑走路の左には少し短い廃止された旧滑走路が見えます。瀬戸崎から滑走路南端（写真下側）にかけての海岸線は外海に面するため、海食崖が発達して三段壁や千畳敷といった観光スポットがあります。白浜温泉では周囲に火山がないのに高温泉が湧きます。

⑳ 奈良盆地：2007 年 7 月 23 日　福岡→羽田（左窓）　K.K　　地理院地図、地震本部

K 橿原、S 桜井、N 奈良、M 耳成山（みみなしやま）

奈良盆地の東端は直線状です。奈良盆地と笠置山地との境界には奈良盆地東縁断層帯が南北に走っており、東側の笠置山地側が西の奈良盆地側に対して相対的に隆起しています。写真中央下には天香久山、畝傍山と並ぶ大和三山の 1 つである耳成山が見えます。

21 焼失と再建の歴史を秘めた法隆寺：2003 年 5 月 31 日　羽田→伊丹（右窓）　S.M
S 西院伽藍、T 東院伽藍、W 若草伽藍跡

東日本方面から大阪伊丹空港への着陸コースからは、奈良盆地の名高い寺社仏閣や城郭、古墳などを眼下に望むことができます。法隆寺の西院伽藍には、現存する世界最古の木造建築である五重塔と金堂、東院伽藍には八角形の夢殿が見えます。若草伽藍跡は、7 世紀の初めころの寺院の発掘調査地で、敷地内には塔心礎の巨石が残っています。最近の考古学的な調査結果によれば、若草伽藍に創建された法隆寺は、天智 9 年（西暦 670 年）の火災で焼失し、その後まもなく、現在の位置に再建されたということです。法隆寺一帯は、丘陵と平地の境界付近にあり、敷地は緩やかな尾根の先端部を削平して造成されたようです。

22 奈良盆地馬見丘陵南部の築山古墳：2006 年 9 月 15 日　羽田→伊丹（左窓）　S.M
Ts 築山古墳（つきやまこふん）、Ki 狐井塚古墳（きついづかこふん）、Ko コンピラ山古墳

伊丹空港に向かう便が奈良盆地の上空を横切るとき、すこし南寄りのコースを取ると馬見丘陵南部の古墳群を間近に見下ろすことができます。築山古墳は馬見丘陵の南端の台地上にある前方後円墳で、全長は 210m、築造年代は 4 世紀末と考えられています。隣に見える狐井塚古墳（築造は 5 世紀後半）と共に宮内庁の陵墓参考地であるため、発掘調査などによる資料はほとんどありません。コンピラ山古墳は円墳です。

㉓ 南側からの亀の瀬地すべり：2012 年 8 月 20 日　福岡→羽田（左窓）　K.K
T 峠、Ka 柏原市、M 三郷町、K 亀の瀬地すべり

㉔ 北側からの亀の瀬地すべり：2022 年 5 月 10 日　羽田→伊丹（左窓）　S.M
K 亀の瀬地すべり、T 峠、Y 大和川、Ko 金剛山、N 二上山、Ka 柏原市、M 三郷町

奈良盆地から大阪湾に注ぐ大和川は奈良・大阪県境で峠地区の狭窄部を流れています。この狭窄部には亀の瀬地すべりがあります。亀の瀬地すべりはたびたび滑動していましたが、昭和 6 年大規模な地すべりが発生し、大和川をせき止め、また関西本線のトンネルを潰しました。そのため関西本線は対岸に移設されました。また、対岸の国道が隆起などしたため、現在まで対策が行われています。

地理院地図、地すべり地形分布図

コラム：亀の瀬地すべりと大和川

大和川右岸の峠地区は、かつての龍田古道が通る交通の要衝で、明治 25 年（1892 年）には旧大阪鉄道（現関西本線）が亀ノ瀬トンネルの難工事の末に開通しました。しかし昭和 6 年（1931 年）の秋から始まった大規模な地すべりは鉄道トンネルを潰したため、関西本線は対岸に移設されました（写真①）。この時に放棄され圧壊したと考えられていたトンネルの一部は平成 20 年（2008 年）の地すべり対策工事中に発見され、現在はその内部を見学することもできます（写真②）。

亀の瀬地すべりは歴史時代以前にも滑動した痕跡がありますが、大和川の河道に見える巨岩は両岸の斜面がたびたび崩れるのにもかかわらず動かないとされ、亀石または亀岩の名で敬われてきました（写真③）。（S.M）

写真①　地すべりを避けて大和川左岸側に路線を移動した JR 関西本線。

写真②　大和川右岸の地すべりにより分断され、土塊中に残存する旧大阪鉄道（現関西本線）亀瀬隧道の遺構

写真③　大和川河道内の亀瀬岩（亀石、亀岩）

㉕ 大阪平野の百舌鳥古墳群：2006 年 9 月 18 日　高知→伊丹（左窓）S.U
N 仁徳天皇陵、R 履中天皇陵、Y 大和川、H 阪神高速堺線、JR 阪和線、S 南海堺東駅

大阪平野の堺市街地には標高 10 ～ 20m の台地上に前方後円墳が集中する箇所があります。大きな古墳の軸は北北東－南南西方向を示し、手前の小さな古墳は東南東－西北西方向を示しています。この違いの理由は謎です。

㉖ 大阪府と奈良県の境をなす生駒山地：2021 年 11 月 30 日　羽田→伊丹（右窓）S.U
I 生駒山（642m）、K 近鉄奈良線、D 第二阪奈道路、H 花園ラグビー場

奈良県から大阪に通勤通学で移動する人は多く奈良市などは大阪のベッドタウンでもあります。このため近鉄線 2 路線と第二阪奈道路が長大トンネルで生駒山地を横断しています。奈良県側の近鉄生駒駅から山頂までケーブルカーがあり、車では信貴生駒スカイラインを通って山頂からの展望を楽しむことが出来ます。

27 ビルに囲まれた大阪城：2018 年 8 月 23 日　新潟→伊丹（右窓）S.U
O 大手門、T 豊國神社、F 大阪府庁、K 大阪環状線（JR）、H 阪神高速

大阪城は地盤の良い上町台地の先端部分にあり、左端に見える大川（旧淀川）から堀の水を引いています。写真上側の高層ビル群を含む市街地は軟弱地盤が分布する沖積低地です。

28 ミニ日本列島が浮かぶ昆陽池：
2012 年 7 月 31 日　伊丹→羽田（左窓）S.M
K 昆陽池（こやいけ）、IAP 伊丹空港、I 猪名川、IC 伊丹市役所

奈良時代の僧行基が天平 2 年（730 年）の頃に昆陽上池・昆陽下池などの五つの池と溝を造った、と 12 世紀の書に記されています。現在の池は、その昆陽上池の一部に当たると考えられています。江戸期および 1970 年代に埋め立てが進み、池の面積は縮小しました。伊丹市役所の敷地もかつては池であった場所です。昆陽池は、平坦な伊丹台地上の広く浅い谷を利用して造られています。池の中のミニ日本列島は野鳥のための人工島で、1972 年から進められた公園整備により造成されました。

㉙ 六甲山地と山麓市街地：2017 年 10 月 26 日　伊丹→成田（右窓）S.U

R 六甲山（931m）、K 甲山 (309m)、 N 仁川（にかわ）、Sh 夙川（しゅくがわ）、S 山陽新幹線（六甲トンネル坑口）、H 阪神競馬場

六甲山地の山麓は西宮市、芦屋市、神戸市の市街地で主要交通路が並走しています。山陽新幹線は台地の縁から六甲トンネル（延長 16250m）に入り新神戸駅に向かいます。六甲山の地質は大半が花崗岩で山麓には活断層があります。兜を伏せたような甲山は古い時代の火山活動の痕跡を示す安山岩で出来ています。

㉚ 明石海峡大橋：2022 年 9 月 3 日　岩国→羽田（左窓）S.U

Aw 淡路島、A 明石海峡大橋、T 神戸市垂水区、Ak 明石市

明石海峡大橋（全長 3911m）は建設中の 1995 年 1 月に発生した兵庫県南部地震の際に橋を横断する活断層が 2m ずれたことにより橋の長さが 1m 延びましたが、1998 年 4 月に無事に供用されました。

㉛ 明石海峡大橋の主塔：2007 年 3 月 8 日　羽田→神戸（左窓）　S.M

明石海峡大橋は兵庫県明石市と徳島県鳴門市を結ぶルートにあり、同ルートの大鳴門橋が道路鉄道併用橋として先に建設されましたが、事業費の抑制でこちらは道路単独橋になりました。神戸空港への着陸コースは、明石海峡大橋の真上を高度約 900m で通過します。橋を支える主塔の高さは海面から約 300m です。

㉜ 五色塚古墳：2006 年 11 月 9 日　羽田→神戸（左窓）　S.M
G 五色塚古墳、T 山陽垂水駅・JR 垂水駅、K 霞ヶ丘駅

神戸空港の着陸態勢に入った機体が明石海峡大橋の真上を通過した直後、左側の機窓には、住宅地と山陽電鉄の線路に囲まれた前方後円墳の姿が現れます。神戸市垂水区にある五色塚古墳は、現存する兵庫県内最大の古墳で、全長 194m、築造は 4 世紀末と考えられています。表面を覆っていたと考えられる葺石には、日本書紀の記述のとおり淡路島産の岩石が使われていました。1965 年から 10 年をかけ、発掘調査に基づいて築造当時の姿に復元されました。

33 **世界遺産の姫路城**：2016 年 10 月 7 日　羽田→高松（右窓）S.U
H 姫路城、JR 姫路駅、R 霊園

国宝姫路城は 1993 年にユネスコの世界文化遺産に登録されており、市街地の中にあって JR 新幹線姫路駅からは徒歩圏内にあります。城は古生代ペルム紀の硬質な泥岩を基礎に築造されています。

34 **秘密基地のようなスプリング　8**：
2019 年 7 月 26 日　広島→羽田（右窓）S.U　　2018 年 2 月 3 日　羽田→岡山（右窓）S.U

スプリング 8（大型放射光施設）は標高 300m 級の丘陵を造成した播磨科学公園都市（兵庫県佐用町）にある中核の施設で、安定な地盤に建設されました。電子をほぼ光の速度まで加速して、磁石でその進行方向を曲げた時に発生する電磁波（放射光）を使って物質の構造などを調べる原子レベルの研究が行われています。

35 中国自動車道と山崎断層：2002年6月9日　羽田→広島（右窓）　S.U
Y 山崎断層、F 福崎、Ys 夢前川

姫路市の北を西北西に延びる山崎断層は左横ずれの活断層であり、断層は地質が破砕されて侵食されやすいため直線状の谷が出来ます。この谷間に計画された中国自動車道は断層が動いた場合に備えて切土と盛土による土構造を主体に建設されました。

コラム：主要交通路と断層の関係

平野と山地の境界や谷筋が直線的な地形をなす場所があります。そのような場所には多くの場合に断層があり、平野と山地の境界の場合、山地側が相対的に上昇を続けるために直線的な境界が形成されます。また破砕帯を伴う断層は侵食されやすいため、山地内に直線的な谷筋が形成されます。

顕著な地形がみられる例として中央構造線の位置する四国があげられます。四国東部の徳島自動車道やその西につながる松山自動車道において、ほぼ直線状に長い区間延びるところは断層が造った地形を利用しています（四国6,11,15参照）。

断層が関係して形成された直線的な山麓や谷筋は主要な交通路になっていて、近畿地方（近畿35参照）や中国地方をはじめ、各地に認められます。　(S.U)

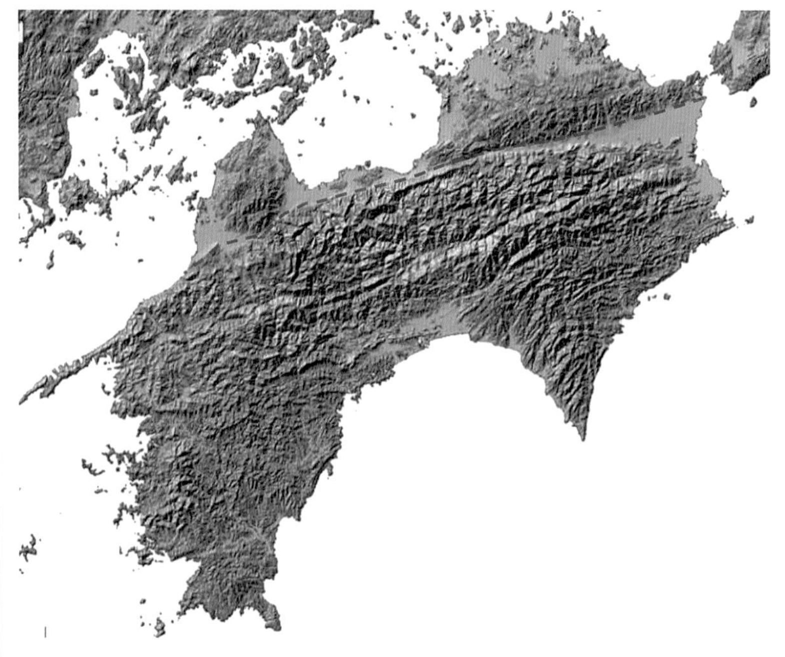

四国の中央構造線の位置　地理院地図、陰影図

Ⅵ　中国地方

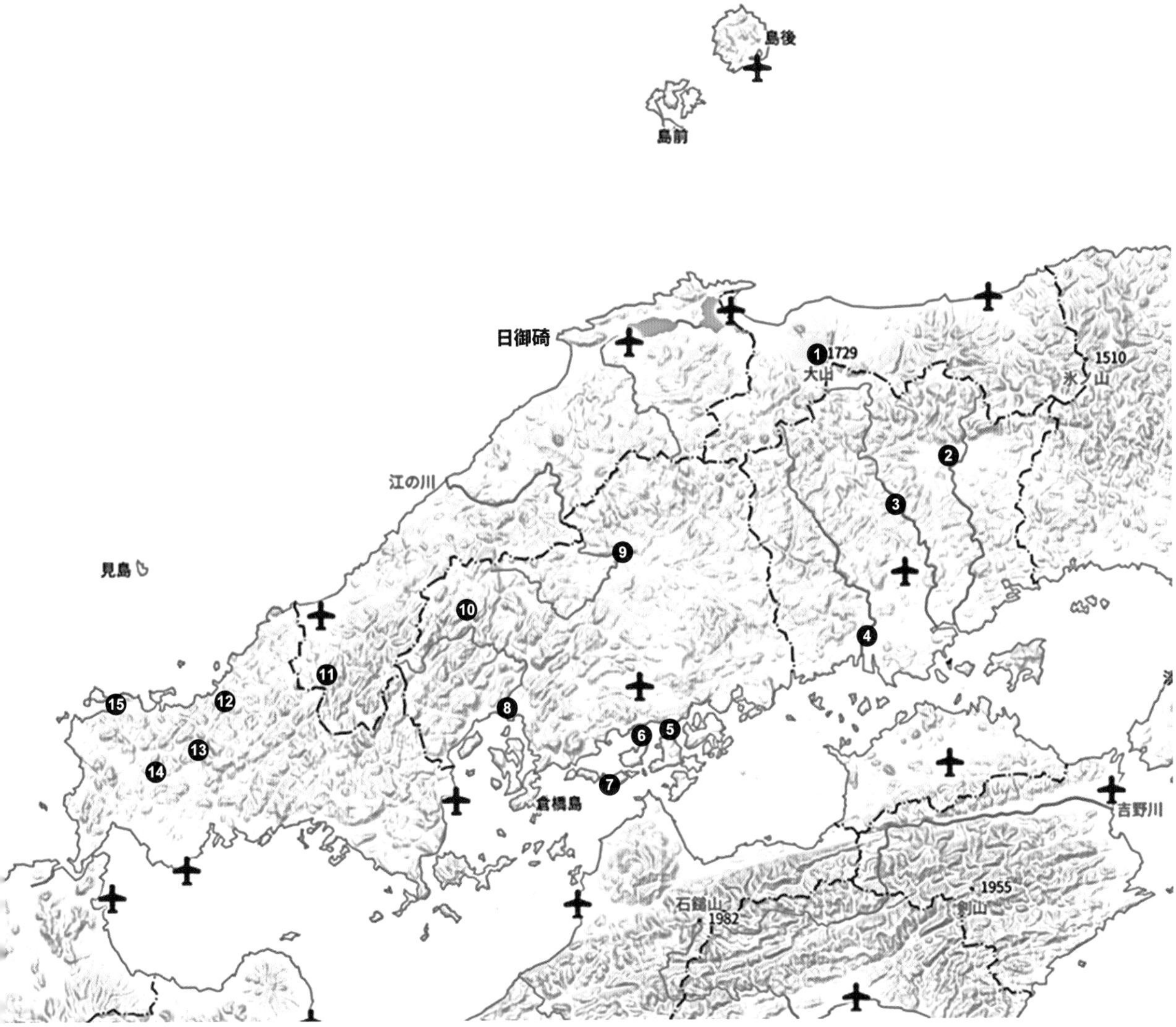

1	大山（伯耆大山）	2	津山盆地
3	吉備高原とリニアメント	4	平野に出る高梁川
5	瀬戸内海　大久野島の送電鉄塔	6	第２の軍艦島　瀬戸内海　契島・鉛鉱石精錬所
7	芸予諸島大崎下島と岡村島	8	太田川デルタの広島平野
9	三川合流三次盆地	10	広島　太田川上流龍姫湖
11	青野山と津和野	12	萩市と阿武川ダム湖
13	秋吉台	14	美祢市の石灰石鉱山
15	陸繋島に囲まれた油谷湾		

❶ 大山（伯耆大山）：2013 年 3 月 15 日　羽田→福岡（右窓）　K.K
M 弥山（大山頂上、1709m）、K 剣ケ峰（1729m）

大山は中国地方の最高峰で、伯耆富士とも呼ばれています。登山による大山頂上は弥山となっています。約百万年前から活動が始まり、3 万年前くらいまで活動していましたが、現在は活火山として扱われていません。大山は活動中に山頂部を含めて多数の熔岩円頂丘ができ、日本最大級の熔岩円頂丘だと思われます。

地理院地図、シームレス地質図

❷ 津山盆地：2005 年 3 月 21 日　羽田→福岡（右窓）　K.K
T 津山、M 三国山（1213m）、D 大山（1729m）

津山盆地は北の中国山地と南の吉備高原に挟まれた盆地です。津山周辺の低地は新第三紀層からなっていて、記号 T の上の一段高い山地との境界付近には衝上断層があって新第三紀層に先白亜紀層が覆い被さっています。さらに白い雪をかぶっている中国山地主部は花崗岩類から構成されています。津山市の中心部を流れる吉井川の河床部の新第三紀層からクジラの化石が見つかっています。

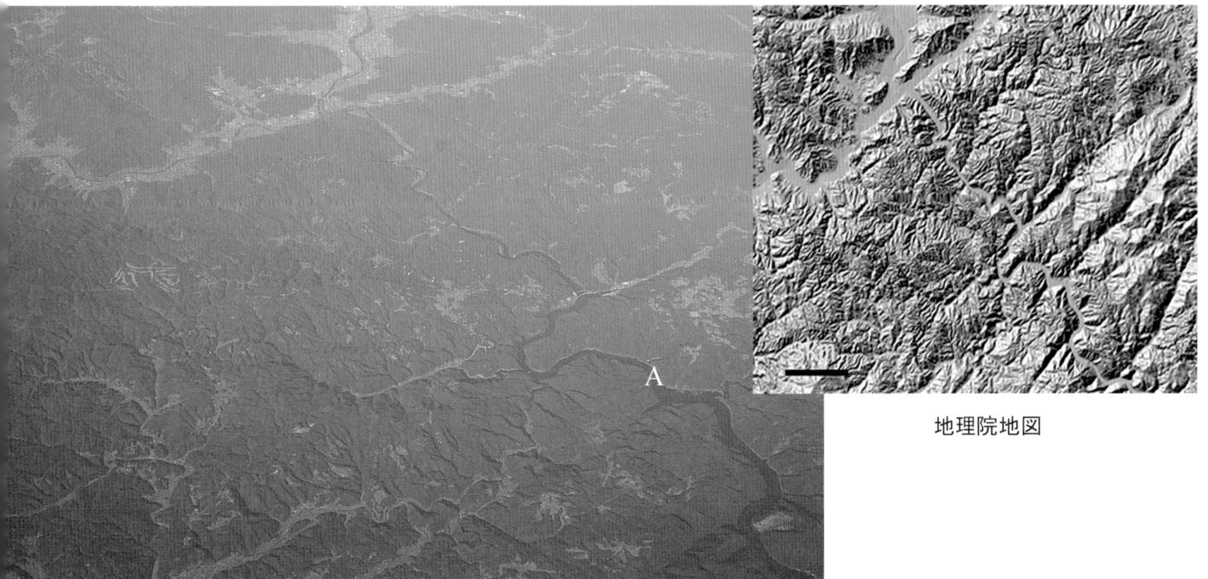

地理院地図

❸ 吉備高原とリニアメント：2016 年 12 月 19 日
羽田→福岡（右窓）S.U
A 旭川ダム湖

備高原は岡山県から広島県にかけて広く分布する標高 300 ～ 700 m の高原で隆起準平原と考えられています。写真の範囲では標高m 前後の高原で、写真右上から左下へ直線で伸びる複数の谷があります。これらは断層沿いに侵食されてできた断層線谷です。

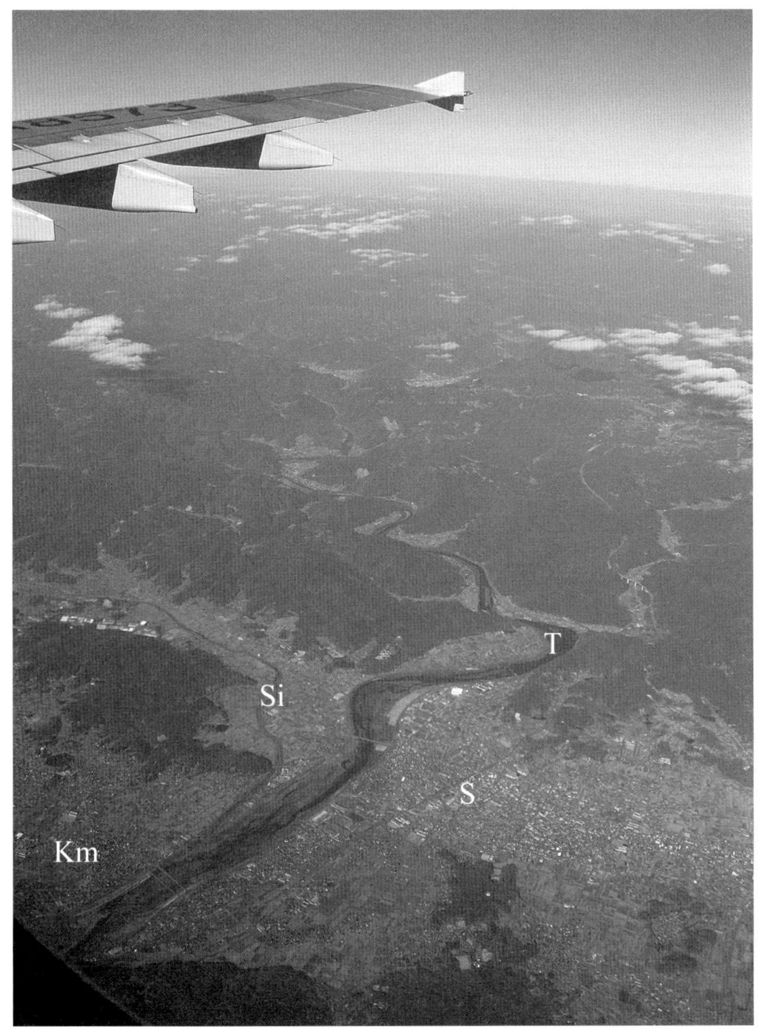

❹ 平野に出る高梁川：
2008 年 12 月 1 日　羽田→大分（右窓）S.U
T 高梁川、Si 新本川、Km 倉敷市真備町、S 総社市街

山間部を蛇行して流下する高梁川は総社市で平野へと出て右岸側から新本川を合流します。豪雨時は高梁川の水位が高くなり、河床勾配が緩い新本川の河川水が流入しにくいため、高梁川と約 1.5 km ほぼ平行に流下してから合流します。2018 年 7 月の西日本豪雨では下流の小田川の河川改修が間に合わずに小田川一帯（km の地域）の浸水によって大きな被害を受けました。

❺ 瀬戸内海　大久野島の送電鉄塔：2017 年 9 月 15 日　羽田→松山（右窓）　S.M

O 大久野島、T 竹原、TK 竹原火力発電所、Td 忠海、M 三原瀬戸、Om 大三島（愛媛県今治市）

広島県竹原市沖の大久野島の山上と対岸の忠海に見える 2 基の鉄塔は、日本一高い送電鉄塔です。鉄塔間の距離が 2357m と長大で、海面に向かって撓む電線が船と接触しない高度を保つため、鉄塔の高さは 226m あります。鉄塔は 1962 年に建設され、四国から島伝いに中国地方に送電する幹線を支えていましたが、現在はその役割を瀬戸大橋に譲り、本土からの電力を隣接する大三島などの島々まで供給しています。

大久野島は明治時代から軍事施設が建設され、1929 年から 1945 年まで毒ガス製造も行われていました。現在では軍事遺構と野生化したウサギの島として観光名所になっています。

❻ 第 2 の軍艦島　瀬戸内海　契島・鉛鉱石精錬所：2017 年 9 月 15 日　羽田→松山（右窓）　S.M

C 契島、T 竹原港、H ハチの干潟、I 生野島、U 臼島、S 白水港（大島上島）

広島県竹原港の沖合に浮かぶ契島は、敷地の大部分に工場施設や社宅などが立ち並び、長崎県の端島と並んでもう 1 つの軍艦島とも呼ばれています。最初期の工場は 1899 年に内陸での煙害を避けて建設された銅精錬所でした。1940 年には銅に代わって鉛の精錬が始まり、現在は主に海外産の鉱石から鉛を精錬する国内唯一の工場として稼働しています。島は、1898 年測図の旧版地形図では起伏のある無人島でしたが、工場建設に伴って平坦化され、面積も拡大したようです。本州側の対岸には、瀬戸内海に残る貴重な干潟として注目されるハチの干潟が見えています。

❼ 芸予諸島大崎下島と岡村島：2007 年 7 月 24 日　羽田→松山（右窓）S.U
O 岡村島、Os 大崎下島、Ok 大崎上島

大崎下島と岡村島は 3 つの橋で結ばれていますが、右端の橋は広島県呉市と愛媛県今治市の県境です。岡村島は大崎下島経由で 7 つの橋で本州と結ばれています。今治市に属する岡村島から市役所に行くには橋は無く海路になります。

中国地方

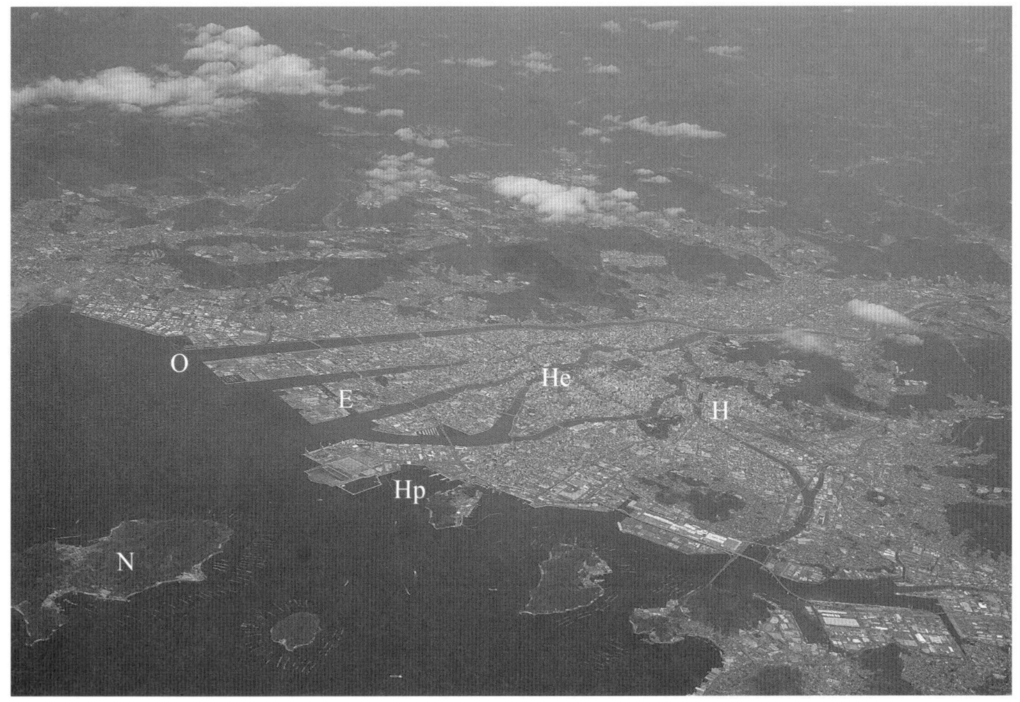

❽ 太田川デルタの広島平野：2022 年 3 月 27 日　羽田→山口宇部（右窓）S.U
O 太田川、E 江波山（標高 37m）、N 似島、Hp 広島港（宇品）、He 平和記念公園、H 広島駅

広島市街は太田川の三角州から始まり周辺山地を宅地造成して広がりましたが、この宅地造成地域は近年の豪雨で土石流災害が多発しています。三角州の中にいくつかの小山がありますが、かつて気象台のあった江波山は、原爆投下直後の枕崎台風襲来時に観測を続けた気象台職員の奮闘を描いた柳田邦男の小説「空白の天気図」の舞台になりました。

❾ 三川合流三次盆地：2014 年 10 月 8 日　羽田→福岡（右窓）　K.K
M 三次市、G 江の川、E 江の川（可愛川）、B 馬洗川、S 西城川

三次盆地は盆地北側に位置する衝上断層（低角度の逆断層）でできた盆地で、可愛川、馬洗川、西城川の三川が合流し、江の川となって流れ出ているところです。江の川は中国山地を切る川で、中国山地が隆起する前から存在していた先行河川で、そのため可愛川や馬洗川の上流には河川争奪が多く生じています。

❿ 広島　太田川上流龍姫湖：2013 年 3 月 15 日　羽田→福岡（右窓）　K.K
N 温井ダム

龍姫湖は太田川支流の滝山川に造られた温井ダム（アーチ式コンクリートダム、堤高 156m）のダム湖です。ダムのあるところは峡谷となっていますが、龍姫湖（貯水池）より上には何段かの段丘面が広がっています。かつて川は段丘面付近を日本海に向かって流れていましたが、今は瀬戸内海の形成により流れが変わり瀬戸内海の方に流れています。

⓫ 青野山と津和野：2020 年 11 月 13 日
羽田→福岡（右窓）S.M

A 青野山（907.5m）、K 小青野山、R 龍帽子山（りゅうぼしやま）、T 千倉山、Ts 津和野市街、M 益田市街、I 石見空港

島根県津和野町から山口県山口市・周南市にかけて分布する青野山火山群には、20 個以上の溶岩円頂丘（溶岩ドーム）があります。青野山は火山群中の最大の溶岩円頂丘で、現在の山体基部での直径は 1.7km 以上あり、日本で見られる単独の溶岩円頂丘としては大きいほうです。青野山の山頂部に見える凹状の地形は火口ではなく、侵食によってできた谷頭の急崖です。近傍にある千倉山、龍帽子山もそれぞれ独立した溶岩円頂丘ですが、侵食が進んで円錐形の形はかなり失われています。青野山は、隣の小青野山の溶岩円頂丘と共に、2019 年に国の天然記念物に指定されました。

⓬ 萩市と阿武川ダム湖：2020 年 11 月 13 日　羽田→福岡（右窓）　S.M

Ha 萩市街、Ts 鶴江台、K 笠山、Hg 羽賀台、Hw 平蕨台（ひらわらびだい）、A 阿武川ダム湖（阿武湖）

萩の周辺には多数の小規模な火山が点在しそれらは阿武単成火山群と呼ばれています。海岸沿いの鶴江台から笠山に至る小丘は、それぞれ独立した単成火山です。内陸の羽賀台と平蕨台も、溶岩平頂丘からなる単成火山ですが、空から見た地形は一見わかりにくく、周囲とは異なる土地利用からかろうじて判別できます。阿武川は萩市街地のある低地で分流しています。分岐点から下流側の低地が三角州です。阿武川上流に 1974 年に完成した阿武川ダムは、国内に 12 例ある重力式アーチダムの 1 つで、ダム湖の総貯水容量 1 億 5350 万 m^3 は中国地方第 1 位です。

地理院地図、シームレス地質図
口が写真範囲

⓭ 秋吉台：2003 年 12 月 4 日　羽田→福岡（右窓）　K.K
A 秋芳洞

秋吉台は北東－南西方向 16km、北西－南東方向 6km で日本最大のカルスト台地です。写真はその東側部分（東台）で、草原となっているところです。写真に見える黒い点のところは石灰岩の溶食による凹み（ドリーネ）で、ドリーネがいくつか繋がったウバーレ（赤矢印）も見られます。大地の下には秋芳洞など多くの鍾乳洞があります。

⓮ 美祢市の石灰石鉱山：2022 年 11 月 18 日　羽田→福岡（左窓）S.M
I 伊佐鉱区、M 丸山鉱区、R 専用道路

秋吉台と呼ばれるカルスト台地は、東台と西台に分かれています（参照：秋吉台）。東台の大半は 1955 年に国定公園に指定されましたが、西台では 1940 年代後半から石灰石の採石事業が始まり、1960 年代には大規模な採掘場が開発されました。山口県美祢市の宇部伊佐鉱山の伊佐鉱区には、露天掘りでできた直径約 1.2km のすり鉢状の採掘場があります。岩盤を階段状に掘り進めるベンチカット方式で掘削された穴の底は、周囲の地表から約 100m も深くなっています。採掘された石灰石は、1975 年に完成した延長約 32km の専用道路を走る大型トレーラーで瀬戸内海沿岸のセメント工場まで運ばれ、製品化して国内外に出荷されます。

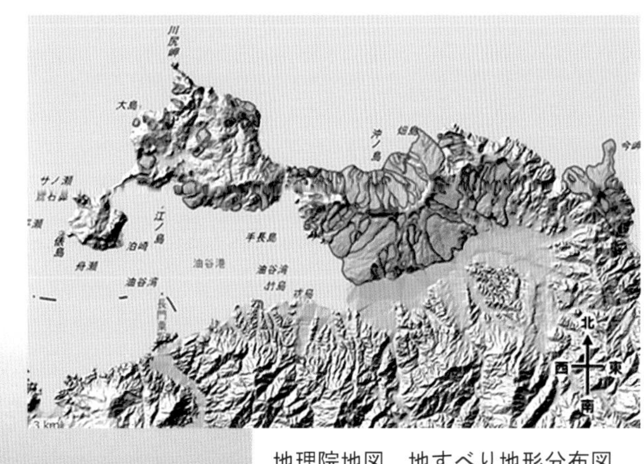

地理院地図、地すべり地形分布図

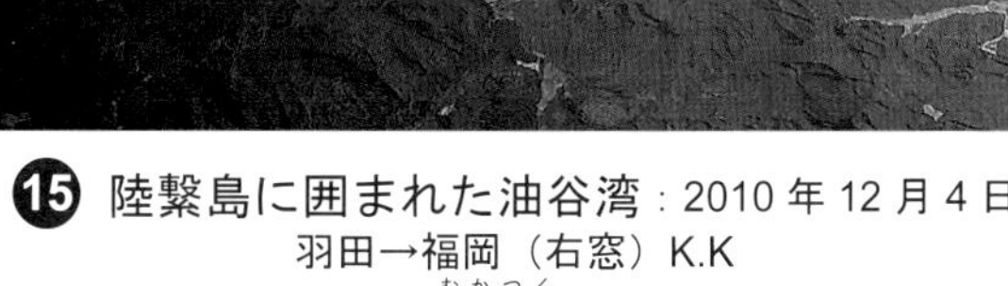

北側の向津具半島に囲まれた油谷湾は西に向かって傾いているように見えます。向津具半島は新第三紀の地層からなり、それを玄武岩が覆っています。玄武岩の末端は急崖をなし、新第三紀層ではキャップロック型（北松型）の地すべりが多発しています。

⑮ 陸繋島に囲まれた油谷湾：2010 年 12 月 4 日
羽田→福岡（右窓）K.K
M 向津具（むかつく）半島

コラム：機内の気圧減圧効果

高さ数千ｍ以上の高空を飛行する旅客機は、機内の気圧を地上の約 0.8 倍（標高約 1800 ～ 2400m と同じ）まで減圧しています。そのため地上から持ち込んだ密閉された袋などはパンパンに膨らんでしまいます。減圧の目的は、機外との気圧差で生じる応力を小さくし、機体の変形を抑えるためです。1950 年代前半に発生した英国のジェット旅客機コメットの連続墜落事故の原因は、気圧差による機体の変形を繰り返したために金属疲労が進行し、四角い窓枠の隅など応力が集中する箇所から亀裂が発生したことでした。それ以後の飛行機は、機体の素材の強度を増し、窓枠に丸みを持たせるなどの構造上の改善や、新たな点検手法の適用などにより、運行の安全性が確保されるようになっています。（SM）

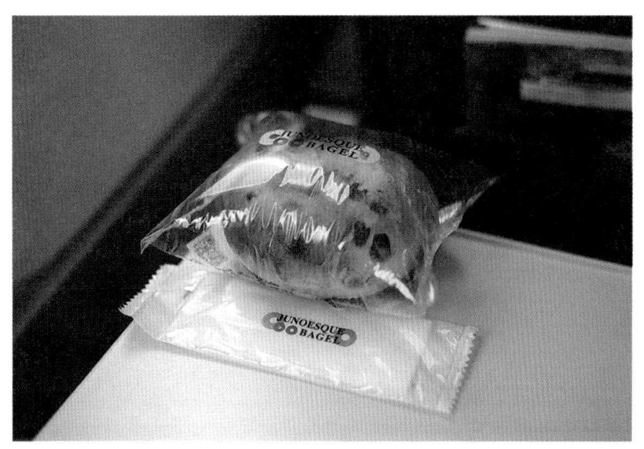

機内の気圧減圧でふくらむ袋：2007 年 2 月 21 日
羽田→稚内

中国地方

コラム：写真の立体視

磐梯山の写真を立体視できるようにⅡ　東北地方の写真 19（29 頁）に 2 枚の写真を並べて配置しました。下図に示すように右眼で右の写真、左眼で左の写真をそれぞれ同時に見ることができれば地形が立体的に見えるようになります。10 分程度の練習で立体的に見えるようになる人がいますし、何回かチャレンジして見えるようになる人もいます。先ずは二つ並んだ四角形は立体的な四角錐に見えますので練習をしてください。コツを覚えれば空中写真や地上の景色も立体的に見えます。

立体視の場合

普通に見る場合

例示した 2 枚の写真は同じように見えますが写真は、1 枚目の撮影をして数秒後に 2 枚目を撮影しました。この 2 枚を左右に並べて見ると立体的に見えるようになります。

地上の景色などの撮影の場合は、1 枚目の撮影後に 1 ～ 2m 程度横に移動して 2 枚目を撮影すると同様に立体視ができます。

＜補助ツールを使ってみる方法＞

肉眼での立体視が難しい方、もっと楽に立体視したい方には３Ｄスコープが便利です。

「ステレオミラービューワ」（古今書院発売）は、ハンディータイプの補助ツールで、プリント写真だけでなく、ＰＣやタブレット画面上でも立体視ができます。詳しくは古今書院の専用ページをご覧ください。

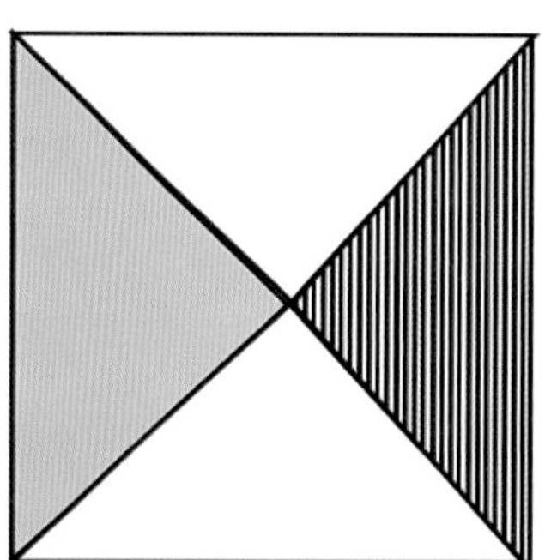

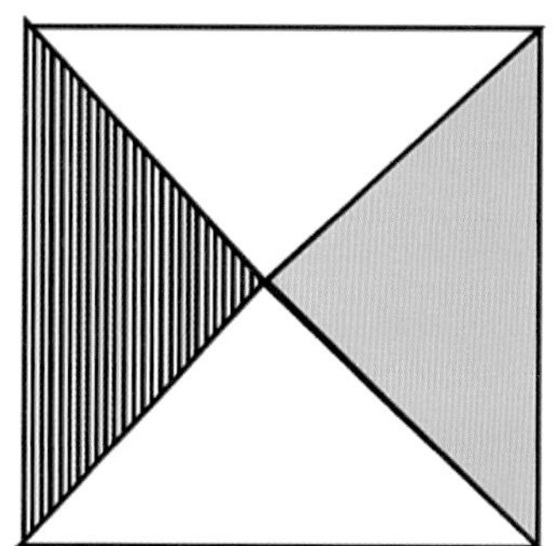

北アルプス槍ヶ岳付近の立体写真　2000 年 2 月 5 日　名古屋→青森（右窓）S.U

Y 槍ヶ岳（3180m）、J 常念岳（2857m）、O 大天井岳（2922m）、K 北穂高岳（3106m）

Ⅶ　四国地方

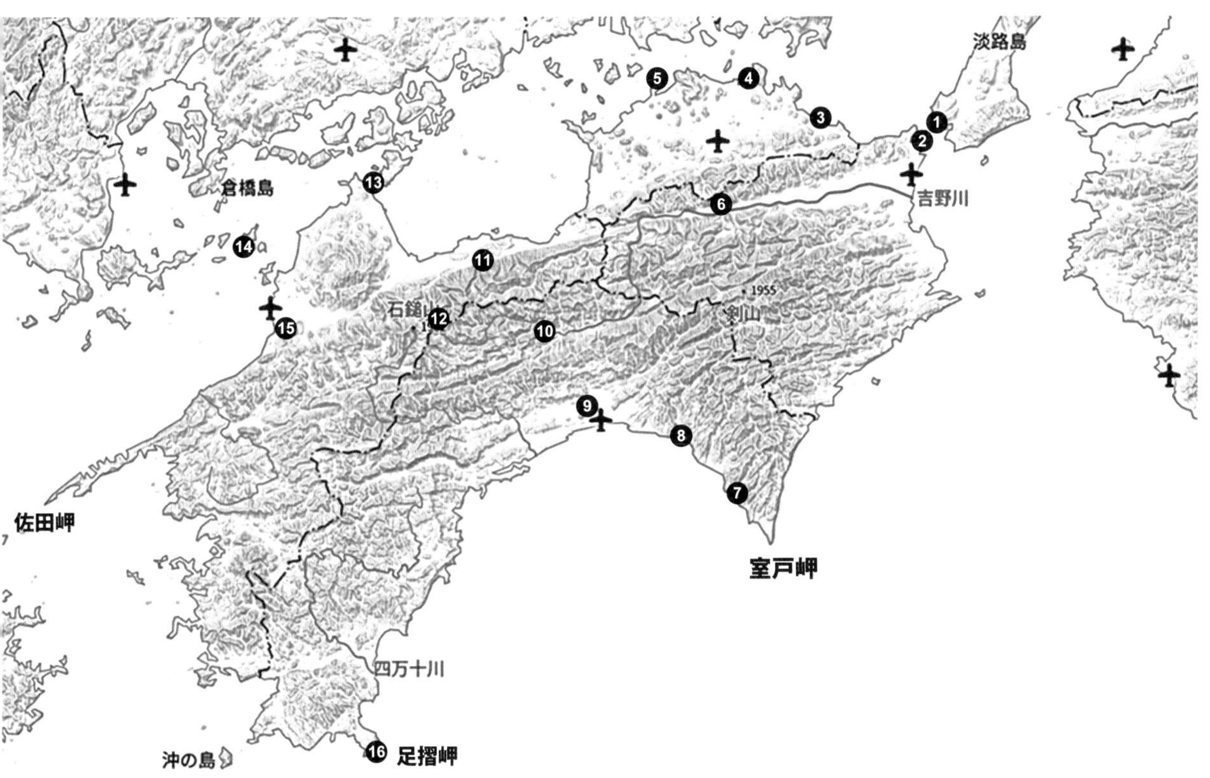

1	大鳴門橋	2	大鳴門橋と渦潮
3	讃岐山脈麓の東かがわ	4	源平合戦の屋島
5	岡山県と香川県を結ぶ瀬戸大橋	6	吉野川沿いの中央構造線
7	高知県室戸市の海成段丘	8	冬の四国山地・剣山
9	巨大地震で地盤が沈降する高知平野	10	四国のいのち早明浦ダム
11	四国の中央構造線　新居浜付近	12	西日本最高峰の石鎚山
13	しまなみ海道の来島海峡大橋	14	瀬戸内海　瀬木戸海峡の潮流
15	伊予断層沿いに建設された松山道	16	足摺岬

❶ 大鳴門橋：2000 年 4 月 23 日　福岡→羽田（左窓）K.K
A 淡路島、O 大毛島

大鳴門橋は淡路島と大毛島を結ぶ全長 1629m の吊橋で、1985 年に開通しました。橋の南北には海釜があり、最大水深は北側海釜で 216m と南側海釜で 164m あります。この海釜があることによって鳴門の渦潮ができます。海峡の海底ではナウマンゾウやシカの化石が出ることから、海進・海退を繰り返し、現在の海峡ができたとされています。

❷ 大鳴門橋と渦潮：1998 年 10 月 2 日
伊丹→徳島（右窓）S.U
A 淡路島、O 大毛島

大鳴門橋は兵庫県神戸市から淡路島を経由して徳島県鳴門市を結ぶルートの徳島県側に鉄道（新幹線規格）併用橋として建設されました。この後に兵庫県側に建設された明石海峡大橋は道路単独橋となったため、大鳴門橋の鉄道予定空間は渦潮の見学施設「渦の道」として活用されています。

地理院地図、シームレス地質図

❸ 讃岐山脈麓の東かがわ：2004 年 2 月 11 日　福岡→羽田（左窓）　K.K
H 引田、S 白鳥、Sa 三本松港

讃岐山脈は東に傾いた洗濯板状の地形をしています。この地形はこの地域の基盤岩である和泉層群の組織地形です。和泉層群は砂岩と泥岩の互層からなっていますが、洗濯板状のところは主に泥岩からなっており、地層の層理面によってこのような地形を造っています。

❹ 源平合戦の屋島：2007 年 2 月 15 日　高松→羽田（右窓）S.U
Y 屋島（292m）、D 壇ノ浦、G 五剣山（375m）（八栗山）、S 志度湾、A 庵治石産地

源平合戦の頃の屋島は、写真右手は浅い海域でその名の通り「島」でした。屋島の背後の壇ノ浦は船隠しの地名が残る古戦場です。屋島や五剣山の地質は花崗岩類ですが山頂部には安山岩が分布します。五剣山の斜面では庵治石と呼ばれる良質な石材が切り出されています。ここの安山岩はたたくと良い音色を発するのでカンカン石（サヌカイト）と呼ばれています。

❺ 岡山県と香川県を結ぶ瀬戸大橋：2003年10月5日　山口宇部→羽田（左窓）S.U

W 鷲羽山（113m）、Y 与島、H 本島、S 讃岐富士（422m）、K 倉敷市児島、B 番の州工業地帯、Sa 坂出市

四国側から望む瀬戸大橋で、大小5つの島を結んで、3つの吊橋、2つの斜張橋、1つのトラス橋からなる鉄道道路の併用橋です。橋梁区間の延長は9368m、四国側の番の州高架橋を含めると12300mあります。

❻ 吉野川沿いの中央構造線：2003年10月31日　伊丹→高知（右窓）S.U

Y 吉野川、S 四国山地、Sa 讃岐山脈

中央構造線に沿って吉野川が侵食して出来た直線的に延びる谷によって讃岐山脈と四国山地は分断され、この谷地形は衛星写真でも容易に認めることが出来ます。讃岐山脈の地質は中生代白亜紀に堆積した砂岩・泥岩からなる和泉層群が分布し、写真の範囲の四国山地には緑色片岩や泥質片岩などが分布します。

❼ 高知県室戸市の海成段丘：2018 年 1 月 11 日　羽田→高知（右窓）S.U
K 海成段丘

室戸岬の北西約 15km 付近には標高 100 ～ 160m の高さに平坦な地形が広がっています。過去の海岸沿いの浅海底で侵食された地形で、地殻変動によって持ち上げられた海成の段丘です。段丘下の狭小な平地に集落があり、徳島市から室戸岬を経て高知市とを結ぶ国道 55 号が通っています。

❽ 冬の四国山地・剣山：2015 年 12 月 18 日　羽田→高知（右窓）S.M
A 安芸川河口、Te 天狗塚（1812m）、N 西熊山（1816m）、M 三嶺（みうね・さんれい）（1894m）、Ts 剣山（つるぎさん）（1955m）

高知空港に向けて土佐湾上空を降下中、安芸沖から望んだ初冬の四国山地です。天狗塚から剣山に至る 1800m を超す山々は早くも冠雪しています。剣山は四国第 2 の高峰で、山頂にはかつて気象測候所があり、1944 年から 2001 年まで気象観測が行われていました（1991 年 4 月までは有人観測）。1970 年から 20 年間の観測によると、剣山で積雪がみられるのは 12 月上旬から 4 月上旬までで、年最深積雪量は通常 30 ～ 100cm 程度ですが、1984 年には 292cm を記録しています。

❾ 巨大地震で地盤が沈降する高知平野：2013 年 12 月 7 日　成田→バンコク（右窓）S.M
Ka 鏡川、Ku 九反田橋、Ko 国分川、G 五台山、U 浦戸湾

高知平野は、繰り返し発生する南海地震に伴って、地盤が沈降する平野です。宝永（1707 年）、安政（1854 年）、昭和（1946 年）の地震の際には、いずれも 1 ～ 2m の地盤沈降がありました。昭和の地震では、鏡川の九反田橋より下流側の両岸から、国分川の下流、五台山の北側にかけての低地は水没し、現在でも標高 0m 地帯が広がっています。

❿ 四国のいのち早明浦ダム：2011 年 3 月 8 日　福岡→羽田（右窓）　K.K
S 早明浦（さめうら）ダム、T 高須の棚田

早明浦ダム（重力式コンクリートダム、堤高 106m）は吉野川本川に造られたダムで、貯水池の水は四国 4 県で利用され、四国のいのちと言われています。早明浦ダムのあるところは三波川変成岩ですが、写真上方の南側は御荷鉾（みかぶ）緑色岩分布域で、地すべりがあります。地すべり地のところは多くは棚田になっています。

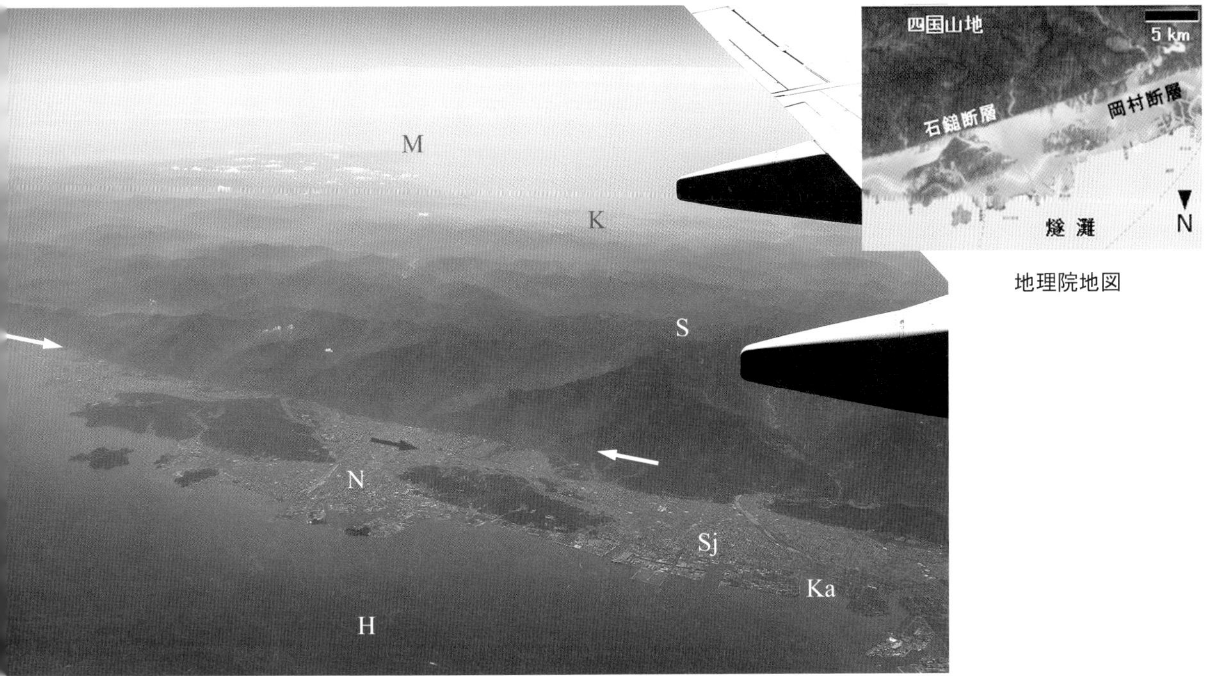

⓫ 四国の中央構造線　新居浜付近：2016 年 6 月 3 日　羽田→熊本（左窓）　S.M
N 新居浜市街、Sj 西条市街、Ka 加茂川、H 燧灘、S 笹ヶ峰、K 高知平野、M 室戸岬

西南日本の大きな地質境界である中央構造線は、四国北部を東西に横切る明瞭な地形の境界となっています。燧灘に面した低地と四国山地との境界は直線的ですが、よく見ると少し間隔を置いた 2 列の線状になっており、それぞれ岡村断層（赤矢印）と石鎚断層（白矢印）と呼ばれる活断層が認定されています。

⓬ 西日本最高峰の石鎚山：2008 年 11 月 22 日　松山→羽田（左窓）S.U
I 石鎚山（1982m）、N 西ノ冠岳（1894m）、D 堂ヶ森（1689m）、J 成就社

四国山地の石鎚山は愛媛県内にある日本百名山で、火山ではないのですが山頂部には新第三紀の火山岩が分布します。石鎚神社成就社の少し下（標高 1280m）まではロープウェイで行くことが出来ます。

⓭ しまなみ海道の来島海峡大橋：2010 年 8 月 18 日　羽田→松山（左窓）S.U
O 大島、U 馬島、H 波止浜港、I 今治市街

写真左下に見える道路橋は、広島県尾道市と愛媛県今治市を結ぶ西瀬戸自動車道（愛称は瀬戸内しまなみ海道）の来島海峡にかかる 3 連吊橋の左から来島海峡第一大橋（延長 960m）、第二大橋（延長 1515m）、第三大橋（延長 1570m）です。

⓮ 瀬戸内海　瀬木戸海峡の潮流：2022 年 10 月 11 日　羽田→松山（右窓）　S.M
N 中島、M 睦月島、S 瀬木戸海峡、O 大浦港、Nu 怒和島、I 斎灘、K 倉橋島

愛媛県松山空港への着陸態勢に入った飛行機から、忽那諸島の瀬木戸海峡を見下ろしました。中島と睦月島の間の幅約 400m の最狭部から、波立つ潮流が画面左手側に流れています。瀬木戸海峡は、海上保安庁の資料では関戸瀬戸とも呼ばれ、斎灘と伊予灘とを隔てる島々の間の水道の 1 つです。撮影日は干満の潮位差が大きい大潮の期間に当たり、中島の大浦港の満潮は午前 10 時ごろ、飛行機が上空を通過したのはその約 2 時間後でした。満潮域は既にこの地域から東に移動し、潮流は西側の干潮域に向かう流れになっています。

15 伊予断層沿いに建設された松山道：2006 年 7 月 29 日　松山→羽田（右窓）S.U
I 伊予灘、Iy 伊予市街

写真の左下から右上（北東ー南西方向）に延びる山麓に松山自動車道が見えます。道路沿いには北東 - 南西方向に延びる活断層とされる中央構造線活断層系の伊予断層があって、松山平野と山地との明瞭な境界になっています。

16 足摺岬：2013 年 7 月 19 日
羽田→鹿児島（右窓）S.M

A 足摺岬、N 長碆（ながばえ）、Nh 中浜、S 清水漁港、O 大岐（おおき）海岸

足摺岬の直上を通過しながら、カメラを窓に押し付けるようにして撮影しました。足摺岬は四国島の南端として知られていますが、最南端地点は灯台が立つ岬から約 1km 離れた長碆付近です。また高知県の最南端地点は、約 40km 西方にある有人島の「沖の島」にあります。

足摺岬は、日本では珍しいラパキビ花崗岩が地表に露出することや、先端部ほど地殻変動による隆起が大きく、1946 年の南海地震でも室戸岬と共に隆起するなど、興味深い地学現象で知られています。

中浜は、幕末期にアメリカに渡った漁師万次郎の出身地。万次郎は 1841 年に乗っていた漁船が難破し、黒潮に流されて鳥島に漂着した後、アメリカの捕鯨船に救助されました。半島の付け根に近い大岐海岸の白い砂浜は、アカウミガメの産卵地です。四国沖を蛇行しながら流れる黒潮は、撮影日にはちょうど足摺岬に接岸していたようです。

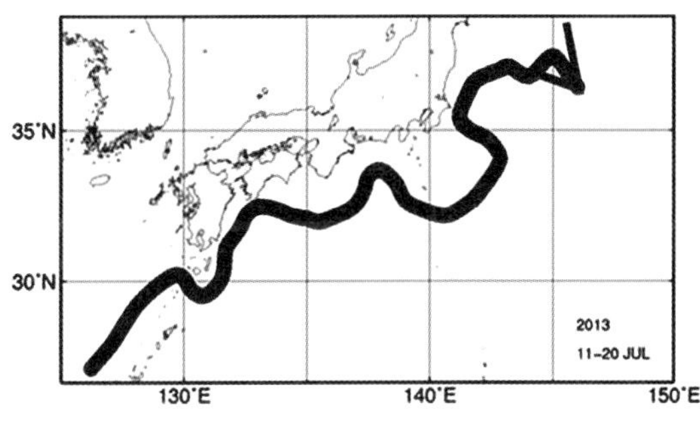

2013 年 7 月中旬の黒潮流軸図（気象庁）

コラム：滑走路の数字

離陸直前：2017 年 6 月 8 日　高知→羽田（右窓）

地理院地図（空中写真）

滑走路に入り離陸方向に向きを変える途中で滑走路上に見えた数字 32 は、北から時計回りに 320°の方角を示すものでほぼ北西に離陸することになります。滑走路の反対から離陸する場所には 14 の数字があります。　(S.U)

コラム：空港について

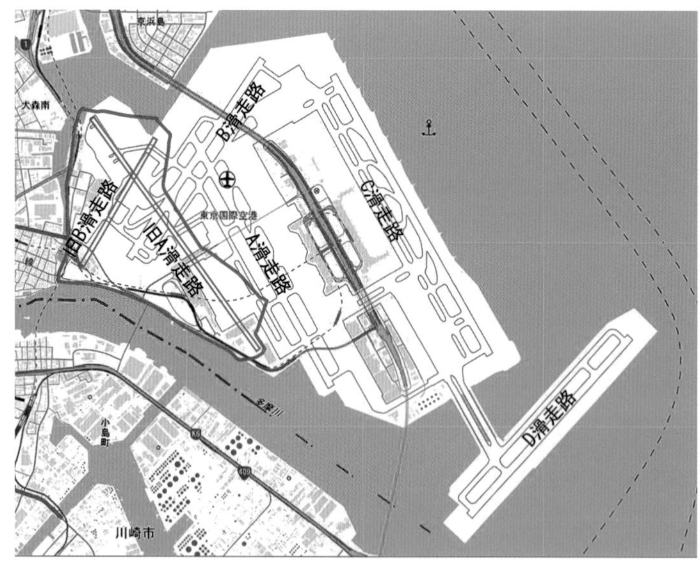

地理院地図

赤枠は 1956 年 3 月撮影空中写真に基づく空港の範囲

国内空港は 2023 年現在で 97 空港が供用されていますが、そのうち 6 割以上の空港が 1970 年までに全国各地に整備されました。その後の航空需要のたかまりで、大都市圏での空港の新設、離島の空港整備、空港のジェット化対応が進みました。空港のジェット化では既存の滑走路の延伸が困難な場合、周辺の丘陵や台地を大規模に造成して移設したので標高 100m 以上になった空港は秋田、岡山、広島、高松、鹿児島などがあります。羽田空港のように東京湾を埋立て、拡大を続けてきた空港もあります。　(S.U)

Ⅷ　九州・沖縄地方

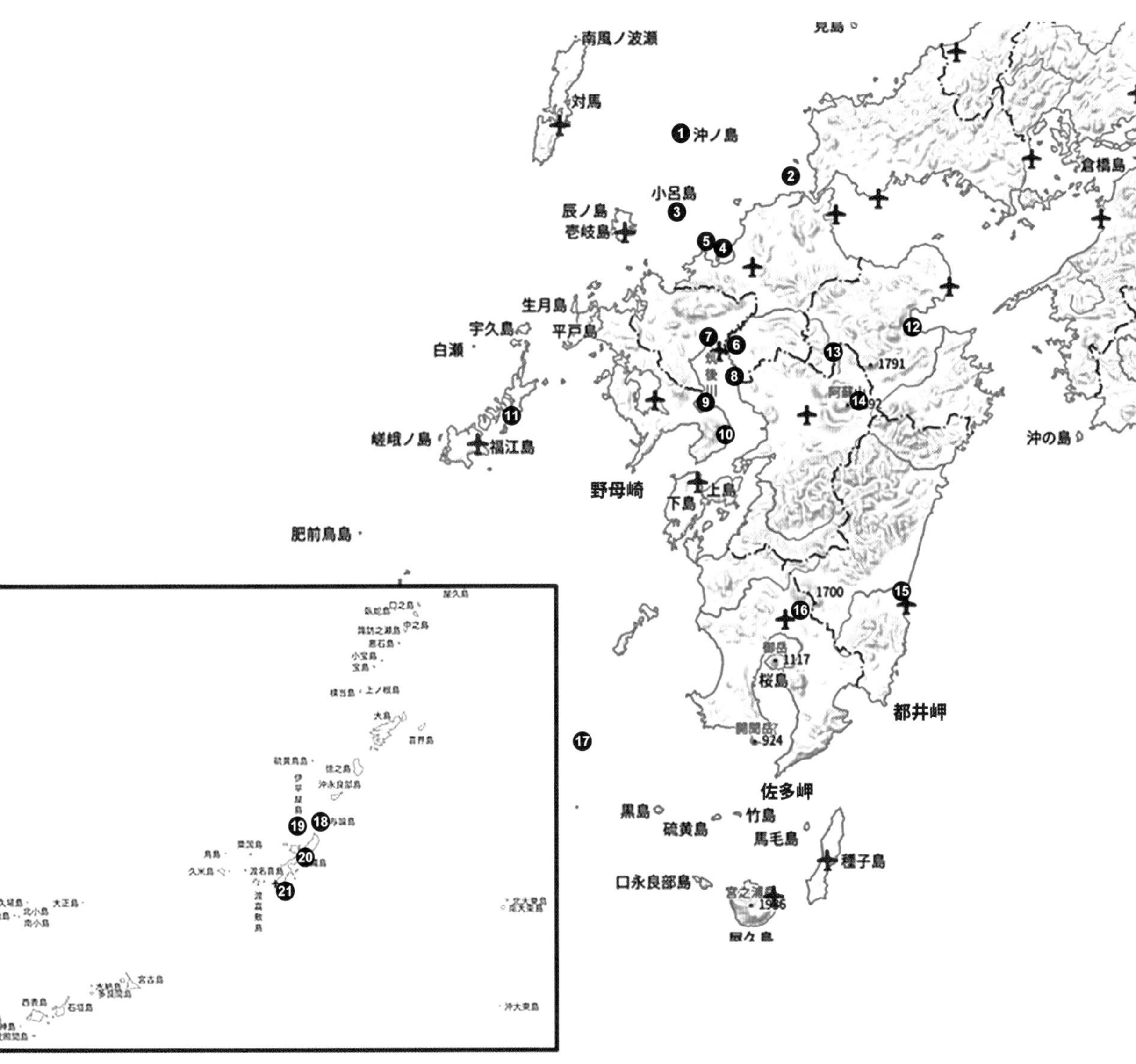

1	沖ノ島	2	男島・白島国家石油備蓄基地と浮体風力発電実験施設
3-1	小呂島と壱岐水道・壱岐ノ島・対馬の遠望		
3-2	壱岐水道の孤島　烏帽子島	4	海の中道と志賀島
5	地震で斜面崩壊が多発した玄界島	6	水郷柳川
7	有明海の海苔篊と佐賀空港	8	有明海の人工島　三池港沖の三池島と港沖立坑跡
9	諫早湾の締め切り	10	雲仙普賢岳と眉山
11	五島列島	12	別府湾と別府市街
13	下筌ダム、松原ダム	14	阿蘇山　阿蘇五岳と阿蘇カルデラ外縁に広がる草地
15	宮崎平野の大淀川と青島	16	霧島連山
17	宇治群島　宇治島・宇治向島	18	サンゴ礁に囲まれた与論島
19	地下ダムのある伊是名島	20	沖縄本島　辺野古岬
21	沖縄島南端の石灰岩堤		

❶ 沖ノ島：2019 年 9 月 25 日　成田→済州島（右窓）　S.M

対馬海峡は、暖かい対馬海流から供給される水蒸気が多いためか、遠望が利く日は少ないようです。それでも秋の好天時などには、玄海灘上空を飛行する便から、大海に浮かぶ孤島、沖ノ島を望見できることがあります。玄海灘を経て博多と朝鮮半島を結ぶ海路は、縄文時代から大陸と交流する主要なルートでした。沖ノ島は常駐する神職のほか人の立ち入りが禁制された険しい岩山の島ですが、弥生時代～古墳時代に海路安全を祈願したとされる祭祀遺跡があります。遺跡からは 5 ～ 7 世紀ペルシア産のガラス片なども産出し、海の正倉院とも言われて、2017 年には世界遺産に登録されました。

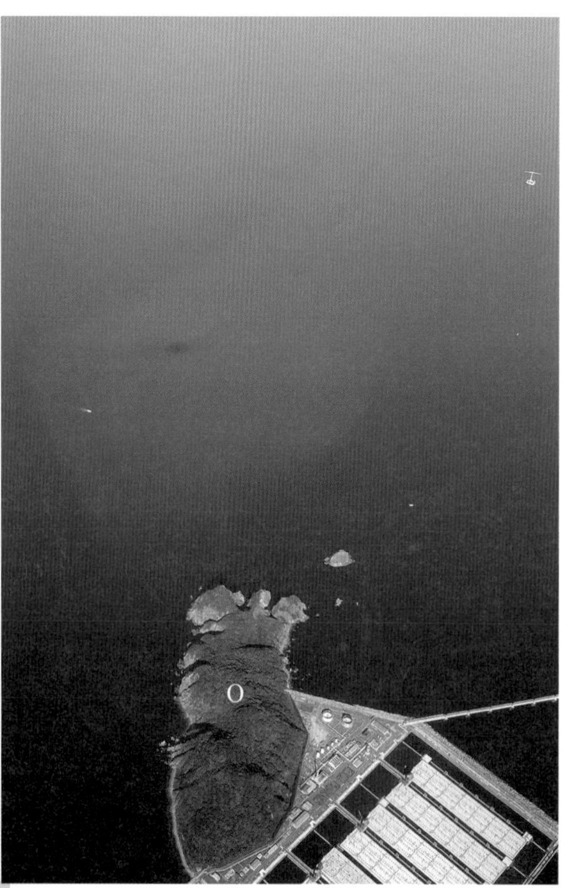

❷ 男島・白島国家石油備蓄基地と浮体風力発電実験施設

2020 年 11 月 13 日　羽田→福岡（右窓）　S.M

O 男島（おしま）

北九州市沖合の男島には、1996 年 8 月に完成した白島国家石油備蓄基地があります。この世界最大の洋上石油備蓄施設には、直方体の備蓄船が全部で 8 艘あり、国内の約 10 日分の原油が貯蔵されています。画面右上に見えるのは、2019 年に始まった浮体式洋上風力発電システムの実証運転施設です。ローター径は 100m、浮体部分の大きさは 51m × 51m、吃水は約 7.5m となっています。付近の水深は約 56m です。

3-1 小呂島と壱岐水道・壱岐ノ島・対馬の遠望：2019 年 10 月 6 日　羽田→福岡（右窓）S.M
K 加唐島（かからしま）、M 馬渡島（まだらしま）、E 烏帽子島、I 壱岐島、O 小呂島（おろのしま）、T 対馬

3-2 壱岐水道の孤島　烏帽子島（写真 3-1 の一部を拡大）

飛行機は玄海灘の上空から、福岡空港に向けて着陸態勢に入りました。右窓から見渡す海域には、唐津沖から対馬にかけての島々がシルエットになって浮かんでいます。この海域は、古代から九州と大陸や日本海沿岸地方とを結ぶ船が行き交う海の道でした。海面が明るく輝くあたりが壱岐水道で、目を凝らすと烏帽子島の小さな島影が見えます。この無人の孤島は古くから海路の良い目標で、島にある灯台は江戸幕府によってイギリスから招聘された R.H. ブラントンが建設を手掛けて明治 8 年（1875 年）に完成したものです。昭和 50 年に改築されるまで約 100 年の間、灯台守による滞在管理が行われていたことでも知られています。

❹ 海の中道と志賀島：2015 年 7 月 25 日　羽田→福岡（右窓）　S.M
N 能古島、S 志賀島、G 玄海島、H 博多湾、Td 汀段、Ts 汀線、Et 沿岸トラフ、Es 沿岸底州

玄海灘から福岡空港に向けて着陸態勢に入った便が、博多湾上空に差し掛かるとき、間近に見下ろせるのが、「海の中道」です。九州本島から志賀島までを結ぶ全長約 10km の陸繋砂州と海岸砂丘は、玄海灘と博多湾を隔てるバリヤーで、外洋に面した砂浜の特徴がよくわかります。汀線の陸側には、打ち寄せた波浪の高さに応じてできた階段状の汀段、汀線の海側には、溝状に水深の深い沿岸トラフがあります。さらに海側には沿岸底州の浅瀬がここでは 1 列形成されていて、そこが砕波帯となります。

❺ 地震で斜面崩壊が多発した玄界島：2006 年 12 月 3 日　羽田→福岡（右窓）S.U
G 玄界灘、N 西浦崎、Gg 玄界漁港

玄界島付近で 2005 年 3 月 20 日に発生した福岡県西方沖地震（Mj7.0、最大深度 6 弱）によって玄界島では多数の住宅が全壊し崩壊が多発しました。写真は地震発生 1 年 8 か月後の状況ですが斜面の傷跡が読み取れます。

❻ 水郷柳川：2008 年 8 月 6 日　鹿児島→福岡（左窓）　S.M
A 有明海、O 沖端川、R 両開地区、M 宮永地区、Y 柳河城本丸跡

有明海沿岸の柳川周辺では、古くから干潟に掘割を掘削し、その掘削土で堤防を築いて浸水を防ぎながら、大潮満潮位よりも低い土地に干拓地を拡大してきました。現在の宮永地区と両開地区の境界をなす慶長本土居（黄色破線の位置）は、連続する干拓堤防として慶長 7 年（1602）に完成したとされています。また旧柳河城の周囲に現在も残る掘割は 17 世紀半ばまでには整備されていたようです。掘割は城下にも縦横に張り巡らされ、柳川が水郷の町と呼ばれる所以となっていますが、その風致景観が認められた国指定名勝としての呼び名は、水郷柳河だということです。

❼ 有明海の海苔篊と佐賀空港：2023 年 2 月 11 日　天草→福岡（左窓）S.M
R 六角川河口、S 佐賀空港、K 経ヶ岳

有明海沿岸では、海苔の養殖が盛んに行われ、その収穫量は全国の約半分以上を占めています。有明海での養殖法は、良質な海苔を生育させるため、干潟に立てた支柱（海苔篊）の間に張った養殖網を、干潮と満潮の大きな潮位差を利用して海中に出入りさせる方法です。佐賀県沿岸部での潮位差は、最大約 6m ありますが、写真を撮影した日の潮位差は約 4m、上空を通過した 16 時頃はちょうど満潮と干潮の中間でした。佐賀空港の沿岸に現れた干潟は、これから海苔篊のある沖合まで拡大していくところです。有明海の海苔篊は､海上での作業が行われる 9 月から 3 月末まで、季節限定の景観です。

❽ 有明海の人工島　三池港沖の三池島と港沖立坑跡：2008 年 8 月 6 日　鹿児島→福岡（左窓）S.M
M 三池島、Mk 三池港突堤、K 港沖立坑跡

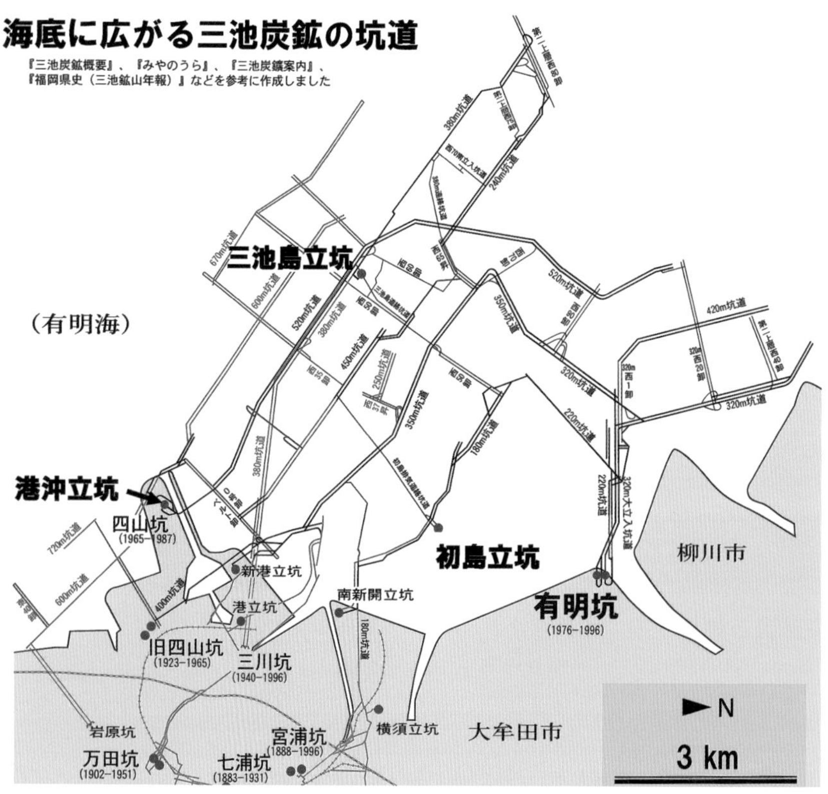

NPO 法人 大牟田・荒尾炭鉱のまちファンクラブ提供の原図に加筆

有明海の海底に広がる炭鉱は 1997 年に閉山しましたが、その最盛期には、通気の確保や人員・資材の昇降のため、海上に人工島を築造し、海底下の坑道まで立坑が掘削されました。三池島は、大牟田市沖合 6km の満潮時水深 10m の海底から築造され、深度 533m、内径 6m の入気用の立坑が 1973 年に完成しました。島の直径は 92m です。写真の左下に見える三池港突堤先端に築造された港沖立坑（1959 年完成、深度 636m）と、矢部川河口の沖合に築造された有明坑の立坑（1967 年完成、深度 360m と 516m）は、その後の海面の埋め立てにより、築島部が陸続きになっています。なお 1954 年に大牟田市の沖合 2.5km に完成した初島（立坑の深度 192m）は、海上に現存しています。

❾ 諫早湾の締め切り：2003 年 8 月 20 日　羽田→長崎（右窓）　S.U
A 有明海、H 本明川、T 潮受堤防、C 中央干拓

国営諫早湾干拓事業として諫早湾奥に潮受け堤防が 1989 年に着工され、1997 年に完成して堤防の水門が閉じられました。堤防内側は有明海と切り離されて淡水化し、内陸の高潮や洪水被害の防止を目的としています。海域の環境が変化したことなどで水門の開門をめぐり、長期にわたる裁判が続いています。

❿ 雲仙普賢岳と眉山：2001 年 10 月 3 日　鹿児島→福岡（左窓）　S.M
F 普賢岳（平成新山、1483m）、M 眉山、S 島原湾、Mi 水無川、K 国崎半島

雲仙火山の普賢岳は、1991 年から 1995 年に至る噴火で溶岩円頂丘（溶岩ドーム）の成長と崩壊を繰り返しながら平成新山を形成しました。溶岩円頂丘が崩壊する際には火砕流が発生し、また崩落した土砂は水無川流域での土石流となって、山麓に被害をおよぼしました。写真手前側の眉山は、約 5000 年前以降の火山活動で形成された溶岩円頂丘です。眉山の 2 つの峰のうち左側の天狗岳は 1792 年の普賢岳噴火に伴う地震によって大崩壊を起こし、崩れた土石は島原湾に突入して大津波を発生させました。この津波の被害は対岸の熊本県側でも甚大なものになり、「島原大変肥後迷惑」と呼ばれました。沿岸に散在する小島は、崩落した山体の一部です。

⓫ 五島列島：2002 年 9 月 3 日　成都→成田（左窓）　K.K
Nd 中通島、W 若松島、N 奈留島、K 久賀島

五島列島は北東－南西方向に延びる 150 以上の島々からなる列島で、その北東への延長には九州本島に隣接する平戸島があります。このことから、かつては一連の山並みであったものが、海水準の上昇によって相対的に沈降し、現在の姿になったと思われます。

⓬ 別府湾と別府市街：2021 年 12 月 12 日　羽田→熊本（右窓）　S.U
T 鶴見岳（1375m）、Ta 高崎山（628m）、B 別府駅

鶴見岳の火山山麓に位置する別府市街地は各所に温泉が湧き、別府湾に面する風光明媚な土地であることから観光都市として発展しています。手前の日本猿の生息地として知られる高崎山は第四紀更新世中期に活動した火山の熔岩ドームです。写真の右手範囲外の大分市街地沖の別府湾にはかつて存在した瓜生島が、慶長豊後地震（1596 年）の際に水没してしまったと伝えられています。

⑬ 下筌ダム、松原ダム：2002 年 8 月 21 日
福岡→羽田（左窓） K.K
S 下筌（しもうけ）ダム、M 松原ダム

昭和 28 年梅雨末期に筑後川下流で大水害がありました。そのため筑後川の上流に下筌ダム（アーチ式コンクリートダム、堤高 98m）と松原ダム（重力式コンクリートダム、堤高 82m）が造られ、蜂の巣湖と梅林湖ができました。下筌ダムの建設では最大級のダム反対運動「蜂の巣城紛争」が起こりました。2 つのダムと河川改修によって下流では昭和 28 年災害のような大きな水害はその後起こっていません。

⑭ 阿蘇山　阿蘇五岳と阿蘇カルデラ外縁に広がる草地：2010 年 2 月 14 日　羽田→熊本（左窓）S.M
Ne 根子岳（1433m）、Td 高岳（1592m）、Na 中岳、Tk 滝室坂、M 宮地

本州方面から熊本空港に向かう便は、阿蘇カルデラの北部を横断し、熊本平野に向かって高度を下げていきます。カルデラ内の平坦地には、阿蘇神社を囲む宮地の市街地が見えています。写真手前のカルデラ外輪山の緩斜面には、放牧・採草・火入れなど、人の手で維持されている半自然草原と牧草地が広がっています。滝室坂は、熊本と大分を結ぶ豊後街道がカルデラ壁を標高差約 250m の急坂で越える地点です。カルデラの中心部に立ち並ぶ高岳や噴煙を上げる中岳などは、いわゆる中央火口丘を形成していますが、左端の根子岳は、カルデラの縁と重なる位置にあり、形成された時期とカルデラ形成との前後関係はまだよくわかっていません。

⓯ 宮崎平野の大淀川と青島：2015 年 11 月 27 日　鹿児島→羽田（左窓）S.U
O 大淀川、A 青島、M 宮崎市街、Mk 宮崎空港

大淀川が運搬した土砂の堆積で形成された宮崎平野は海岸線に砂丘が発達し、内陸側は軟弱地盤になっています。写真下には砂岩と泥岩の互層が波の侵食によって形成された地形（波食棚）に囲まれた青島が見えます。この波食棚の地形は大きな洗濯板のように見えるので鬼の洗濯板と呼ばれ観光に一役買っています。

⓰ 霧島連山：2015 年 11 月 6 日　羽田→鹿児島（右窓）　S.U
T 高千穂峰（1573m）、S 新燃岳（しんもえ）（1421m）、K 韓国岳（からくに）（1700m）

鹿児島空港への着陸直前に望む霧島連山です。高千穂峰の御鉢や新燃岳で活発な火山活動が有史以降に知られており、近年では新燃岳において 2011 年 1 月に大規模な噴火が発生しています。写真手前の丘陵のように見える地形はシラス台地です。

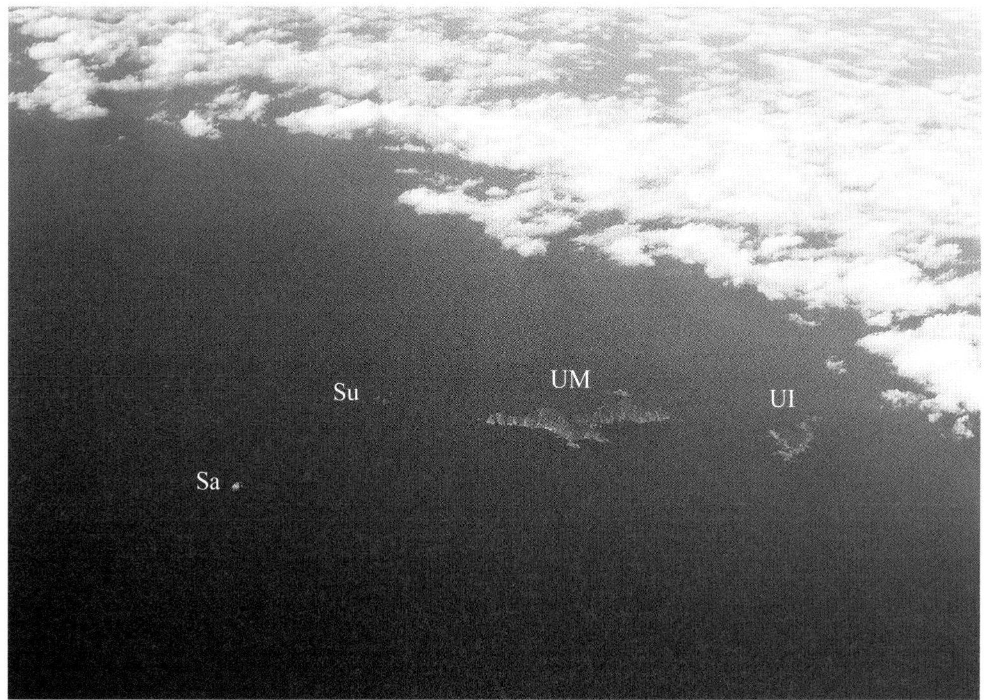

⑰ 宇治群島　宇治島・宇治向島：2013 年 12 月 7 日　成田→バンコク（右窓）　S.M
Sa 鮫島、Su 雀島、UM 宇治向島（向島）、UI 宇治島（家島）

宇治群島は九州南端の西方沖にあり、甑島（こしきじま）列島や大隅諸島には属さない独立した群島です。写真中央の宇治向島（向島）は、長径が約 3.1km、最高地点は標高 319m です。その左手の小島群は雀島、さらに左手の白い小島は鮫島です。いずれも断崖絶壁で囲まれた無人島ですが、宇治島（家島）には避難港の設備があります。地質調査も困難な自然条件ですが、2001 年以降の研究で、宇治向島には中生代白亜紀もしくは古第三紀の堆積岩が分布し、甑島列島の地質と形成時代が同じであることがわかりました。

⑱ サンゴ礁に囲まれた与論島：2019 年 9 月 1 日　羽田→那覇（左窓）　S.M

鹿児島県奄美群島の最南端、与論島（よろんじま）には、島を取り巻く裾礁（きょしょう）型のサンゴ礁が発達しています。特に島の東側の礁縁部には明瞭な高まり（礁嶺）が連なることと、その内側に幅 1km 以上の礁原が広がり、浅い礁池が発達することが特徴です。上空から俯瞰すると島は平坦に見えますが、島全体は活断層によってそれぞれ高さの異なる 3 つのブロックに分かれており、最高地点の標高は約 100m あります。

⑲ 地下ダムのある伊是名島：2019 年 9 月 1 日　羽田→那覇（左窓）　S.M
I 伊是名島（いぜなじま）、Sb 千原（せんばる）地下ダム、Y 屋那覇島（やなはじま）、M 本部半島

沖縄本島の北に位置する伊是名島の海岸には、裾礁型のサンゴ礁がよく発達しています。礁原にはところどころ浅い礁池（ラグーン）がみられ、特に隣の屋那覇島との間には広い礁池があります。島内の低地はかつては水田地帯でしたが、現在はサトウキビ畑が多くなっています。低地の地中には千原地下ダムが設けられており、その右手に地表貯水部の水面が見えています。遠景の雲の下に見えるのは沖縄本島で、右手が本部半島です。

⑳ 沖縄本島　辺野古岬：2014 年 10 月 10 日　羽田→那覇（右窓）　S.M
H 辺野古（へのこ）崎、P 平島（ぴらしま）、N 長島、O 大浦湾

2014 年台風 19 号接近による高波が押し寄せる沖縄本島辺野古岬です。海岸の沖合には裾礁型のサンゴ礁が発達しており、暴浪が直接海岸に達することを防いでいます。白波が立つ砕波帯は裾礁の外縁で礁縁部と呼ばれ、その陸側に水深の浅い波の穏やかな礁原が広がっています。礁原の中の平島と礁縁部付近の長島には琉球石灰岩が分布し、長島には陸上の淡水環境で形成された鍾乳洞があることが最近報告されました。写真撮影の翌日、台風は沖縄本島に最接近し、島南部の南城市では風速 49.7 m/s を記録しました。

㉑ 沖縄島南端の石灰岩堤：2002 年 10 月 22 日
羽田→那覇（右窓）K.K
H ひめゆりの塔、K 喜屋武（きゃん）

沖縄島南端の糸満市には東西に延びる帯状の林が数条みられます。この林のところは、デジタル標高地形図（国土地理院）で見ると線状の段差のある地形となっています。この段差は琉球石灰岩段丘形成後に活動した断層運動によって形成されたものです。

地理院地図、◁ が写真範囲

コラム：サンゴ礁海岸の地形と波浪との関係

台風接近の高波が押し寄せる沖縄本島南端部です。岩棚の突端が最南端の荒崎（A）、白い灯台が立つ喜屋武岬（K）から手前に続く海食崖の上の裸地には、12 世紀後半～ 15 世紀の具志川城の城址（G）があります。

写真では、白波が砕ける範囲の幅や海岸との位置関係が場所によって異なるように見えます。荒崎から喜屋武岬にかけては、サンゴの裾礁はよく成長せず、暴浪はサーフベンチと呼ばれる波食棚の上を白波となって海食崖の足元に達しています。特に喜屋武岬付近は白波の立つ部分が狭く、砕波は比高の大きい崖下を洗い、足元には大きな岩塊がいくつも落下しています。具志川城跡よりも手前側には比較的広い裾礁の礁原が発達し、暴浪は海岸のかなり手前で砕け、威力を失っています。サンゴ礁海岸の地形のでき方は、海水準変動と陸地の隆起沈降の速度、それに依存する裾礁の成長速度、および岩石の強度と波浪の強さの影響を受けます。喜屋武岬は、近傍の断層の影響を受け、相対的隆起速度が速かったのでサンゴの裾礁や波食棚が発達しなかったのかもしれません。（S.M）

左：沖縄本島最南端
2014 年 10 月 10 日　羽田→那覇（右窓）
荒崎と喜屋武岬に押し寄せる台風の暴浪
（好天時の状況は目次 viii 頁参照）

右：2014 年 10 月 10 日の天気図
（気象庁）

コラム：空から見る空－青空の色－

空の色については、紀元前4世紀の中国の思想家である荘子が、その著作とされる荘子内篇（そうじないへん）の中で触れています。逍遥遊（しょうようゆう）第一と呼ばれる章に、荘子が聞いたという不思議な話があり、世界の北の果てに住む鯤（こん）という巨大な魚が、時節が来ると鵬（ほう）という大鳥と化し、水面から舞い立って南の果ての天池を目指して大空を飛ぶ場面が描かれています。

野馬也塵埃也生物之以息相吹也	「地上では陽炎が立ち塵埃が舞い、生けるものが呼吸をする（大気がある）。
天之蒼蒼其正色邪	天は青々と見えるが、それは天そのものの色なのだろうか。
其遠而無所至極邪	それとも天は果てなく遠いからそう見えるのだろうか。
其視下也亦若是則已矣	（鵬が九万里の高みから）地上を見下ろす時には同じように見えるのだろう。」

風之積也不厚則其負大翼也無力	「風が（吹きわたる空が）高くまで続いていなければ大きな翼の羽ばたき
故九萬里則風斯在下矣而後乃今培風	を支えることはできない。だから（鵬は）九万里の高さに上がって翼に
背負青天而莫之夭閼者而後乃今將圖南	風を蓄え、青天を背負って遮るものなく（高空を飛び）南を目指す。」

（「」内は、岩波文庫所収の金谷治氏の翻訳などを参考にし、前後の内容から意味を補った文）

魚が鳥になるお話は荒唐無稽ですが、作者は高空まで大気があると考え、また天に青い物体があるわけではないと考えたようにも思われます。さらに作者は天空から地上を見下ろした光景も想像しています。はたして荘子が現代の鵬＝旅客機に乗ってみたらなんと言うでしょうか。

（左）高空で見る青空:
2022年11月26日
羽田→山口宇部
高空を飛ぶ飛行機から見上げる成層圏の空は、地上で見るより深く黒々とした青色に見えます。一方、地平線に近い方向の空は、大気が清澄であるにもかかわらず白っぽく明るく見えます。

（右）青空の色の違い:
2022年12月27日
東京都内で
写真右上方と中央下端部の青空の色はだいぶ違っています。水平線に近い方向の空は、微小な水滴やエアロゾルの散乱の効果が大きい大気下層部を斜めに見通すため白っぽく明るく見えます。

【空の色の違い】

空の色は日や時間によって違い、また見る方向によっても色合いに違いがあります。現代では、空の色は光の散乱の理論で説明され、色とその見え方には、主に次のような効果が組み合わさって反映されていると考えられます。

①空気の分子などによるレイリー散乱（光の波長の違いによる色の現出）
②微小な水滴やエアロゾルなどの微粒子によるミー散乱（白っぽさの現出）
③視線に向かう光が通過する大気層の厚さ（光の減衰）
④散乱光が目に届く途中で視線方向に加わる光（光の混ぜ合わせ）
⑤散乱光に対する背景（物体の有無と色、その強度）。

また太陽からの方位による散乱強度の違い、空中の水蒸気量や、高度によるエアロゾル濃の違いなども空の色の違いに影響を及ぼします。

太陽光が大気中の空気分子によって散乱されるとき、まず波長の短い紫～青の光が他の波長の光より強く散乱されます（レイリー散乱）。また、空気分子より大きい微小な水滴やエアロゾルで起こる散乱は大気中に白い光を放っています（ミー散乱）。赤外線フィルムによる写真（20、106、122 ページ参照）は、エアロゾルの影響を受けずに遠方から届く赤外線領域の光に感度を合わせ、青い散乱光をカットしているため、遠景は鮮明になり、水面や青空は黒く写ります。

太陽光が通過する大気層の厚さ（大気路程）は朝昼夕の空の色の違いをもたらします。夕焼け朝焼けの空が赤いのは、夕方や朝方は太陽光が大気層を低角度に長い距離で通過するため、青さを失い赤みが残った光が散乱して目に届くからです。しかし昼間でも、空の低角度方向から目に届く光には長い距離を通過してくる散乱光が含まれています。10000m の高空から地平線方向に見通す視線上の対流圏の厚さは、途中に遮るものが無ければ数 100 km以上にもなります。それにもかかわらず、昼間の低角度方向の空は赤みを帯びずに、明るくやや白みを帯びた青空に見えます（128 ページ左下の写真）。それは、エアロゾルなどによるミー散乱が増える効果に加えて、遠方で散乱した光に近傍で高角度の太陽光が散乱する短波長の光が同じ視線上で混ざり、元の白色光の色を帯びるからだと考えられます。もしも上空に日射を遮る巨大な物体があれば、地平線に近い方向の遠方で陽を浴びている空は赤みを帯びて見えるでしょう。差し渡し数十km以上に拡がった暗い層状雲の下の隙間に見える遠方の空や、皆既日食で地上に落ちた月影の中から見る遠方の低い空が赤みを帯びる事例が知られています。

【空から見下ろす空—空の背景】

さて、青い散乱光を放つ大気中の空気分子の 80 ～ 90%は旅客機の飛ぶ高度より低い対流圏の中にあります。飛行機から見下ろす空は青く見えないのでしょうか？　実は空から見下ろす光景にも空の色の青みがあるようです。飛行機と地上の間の大気が放つ散乱光は、薄く青いヴェールのように視線方向に存在しています。その背景に地表面などのくっきりとした物体がある場合には、ヴェールの色自体は見分けられませんが、物体からの光が弱い場合には薄いヴェールの色も見えてきます。日陰になって黒々と見える山地の谷間などは、空とほとんど変わらない青みを帯びた色合いをしています。

地上から青空を見上げるときには、高空に大きな明るい物体があれば、そこは青空の色でなく物体の形を明瞭に見ることができます。太陽光を反射する月は、昼間の青空の中でも形が見えます。一方、月面の光を発しない欠けた部分は青空に溶け込み空の一部のように見えます。地上から青空が見えるのは、大気が青い波長の光を散乱するというだけでなく、青空の背景にはわずかな星の光以外には何もない暗黒の宇宙が広がっているからだと言えそうです。 (S.M)

空から見下ろす空：2017 年 11 月 9 日　羽田→大分　赤石山脈上空
日陰になって黒々と見える谷間などは、空とほとんど変わらないほど青みを帯びた色合いになっています。右の写真では、空の A の部分を A' に、谷間の B の部分を B' に入れ替えています。

地上から見た月：
2022 年 12 月 12 日
昼間でも月は見えますが、欠けた暗い部分は青空に溶け込んでいます。

IX　大気光象、その他

1. 光輪（Glories）
2. 虹（Rainbows）
3. ハロ（Halos：暈など）
4. 幻日（Sundog ）
5. 映日（Subsun）
6. 映幻日 (Subparhelia)
7. 光芒（Crepuscular and Anticrepuscular rays）
8. 機影と雲の影（Shadows）
9. 飛行機雲（Contrail）
10. 対日点効果（Opposition effect）
11. 黄昏と日没（Twilight and Sunset）

旅客機の機窓の楽しみは、地表面を見下ろすことだけではありません。エアロゾルの少ない澄んだ空気の中で見る空の色の鮮やかさ、眼下に浮かぶ雲の様々な形と陰影、上昇・降下しながら雲の層に出入りする瞬間の景観などは、高空を飛ぶ旅客機ならではの光景です。また雲や機体の影が立体的に空中に延びてゆく様や、昼夜の境の移り変わりに地上との時間差を見る時には、対地高度の大きさと地球の丸みが感じられます。さらに、大気中に浮かぶ水滴や氷晶などと太陽光とが造り出す美しく色鮮やかな現象を大空の中に見渡す時、とりわけ太陽を背にした時に見える興味深い現象を高空から見下ろす時には、対流圏の大気層の厚みと、地表がその底にあるということをあらためて実感することができます。（文および写真は記名を示したもの以外は S.M）

1. 光輪（こうりん）（Glories）

光輪は、機窓から見る機会が比較的多い現象です。観察者から見てちょうど太陽と反対側の位置（対日点）を中心にして、虹色に輝く光の環が見えます。虹との違いは、輪の中心からの視角が虹より小さく、雲の表面付近に見えることが多いことです。色づきの順番は、円弧の外側が赤、内側が青で、虹と同じです。雲を造る微小な水滴が太陽光を後方（進んできた向きと反対方向）に散乱するときに、光の波長の違いによって角度が変わり、色ごとの輪に分かれて見えます。

光輪は地上ではブロッケン現象の一部として古くから知られており、その成因については 19 世紀の初めから本格的な研究が進められてきました。20 世紀後半にはミー散乱の理論により数学的な説明ができるようになりましたが、光と水滴との間で実際にどのような物理現象が起こっているかについて理解が進んだのは、21 世紀になってからです。

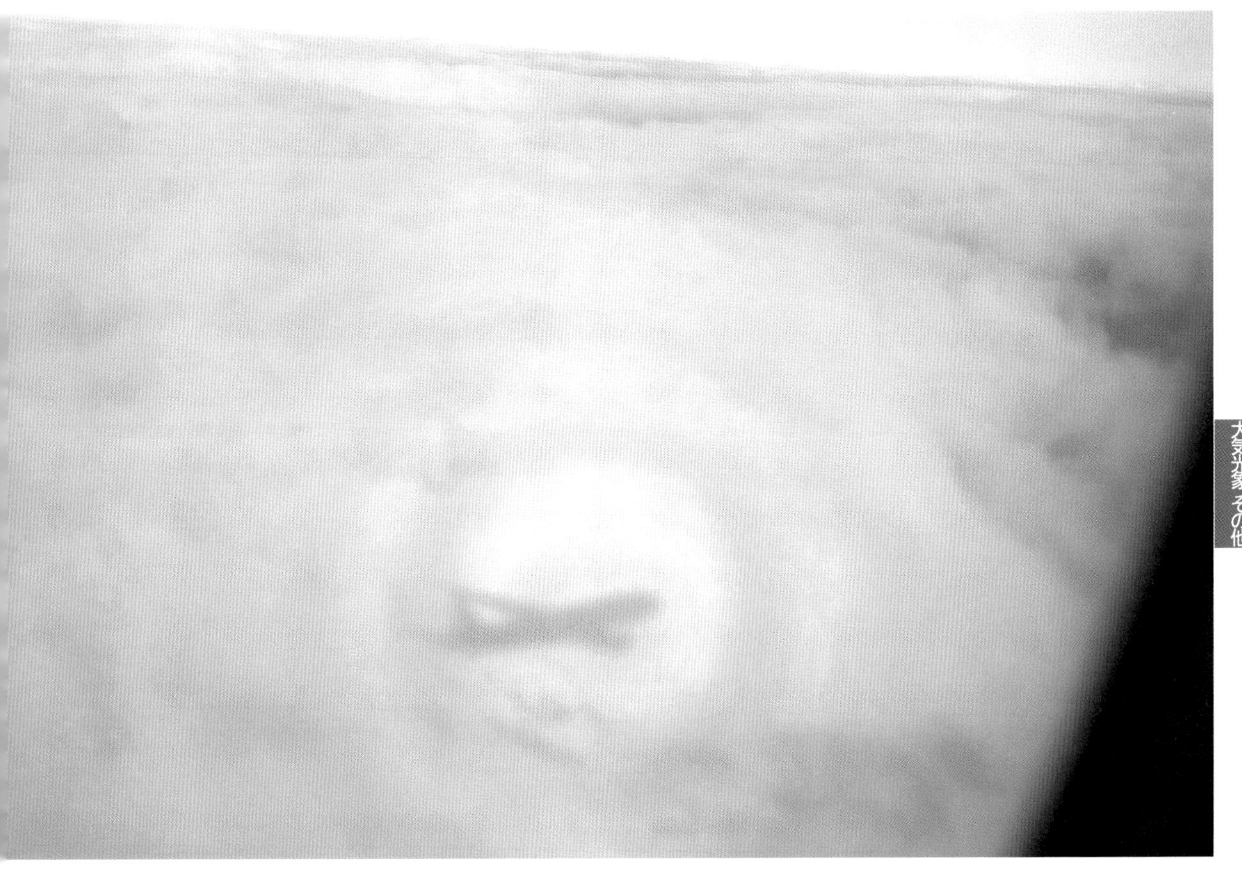

多重の輪を持つ光輪：2001 年 12 月 5 日　羽田→新千歳（左窓）

機体の本影の周囲に 3 重（4 重？）の虹色の輪が見えています。撮影者は前方座席にいて、その位置が輪の中心になっています。

光輪・白虹と機影：2010 年 10 月 13 日 羽田→福岡（右窓） 左写真の約 1 分後に右写真を撮影

機体と雲が近づくと機影は大きくなりますが、光輪の大きさは変わりません。右の写真では光輪から離れた位置にぼんやりとした白虹の円弧が見えます。白虹の成因は虹と同じですが、水滴のサイズが小さいので鮮やかに色づくことはありません。

2008 年 4 月 8 日　伊丹→羽田（左窓）

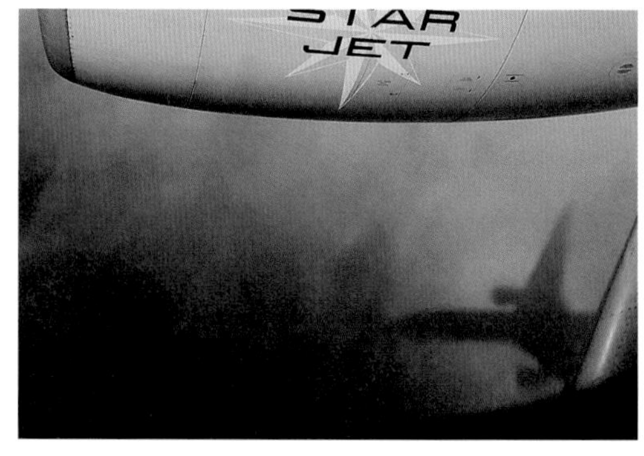

2003 年 6 月 29 日　羽田→小松（右窓）

2021 年 12 月 12 日　羽田→熊本（右窓）S.U

2001 年 12 月 21 日　新千歳→名古屋（右窓）

雲が近くにある場合、明瞭な機影の部分には光の輪は見えません。右下の写真では雲は遠くにあり、光輪の中心に機影は見えません。また光輪の輪郭には不連続な段差が見られます。雲の層ごとに雲粒子のサイズが違うため、大きさの違う光輪ができてそれらが繋がって見えています。

2. 虹（Rainbows）

空の虹：2003 年 10 月 12 日　羽田→福岡　中国地方上空

虹は、観察者から見て太陽の正反対にある対日点から視角度で 40°～ 42°離れた方向の空中に球形の水滴があるとき出現します。太陽高度や観察者と空中の水滴との位置関係によっては、完全な円環に見えることもあります。明るい虹色の輪ができるのは、雨粒ほどの大きさの水滴の中で太陽光が屈折・反射して出てくる角度に極大値があって、その付近に光が集中し、さらに光の色ごとの屈折率によってその角度がわずかに違うためです。色の順番は円弧の外側が赤、内側が青になります。

虹の成因については、17 世紀半ばにデカルトの研究によって光が水滴の中を伝わる経路が幾何学的に説明されました。現代ではミー散乱の理論でも光の輪の強度分布が数学的に説明されています。

虹は、氷晶ができるような高空ではあまり見られませんが、気象条件によって 5000m 以上の空にも水滴があり虹が出現するようです（左写真）。

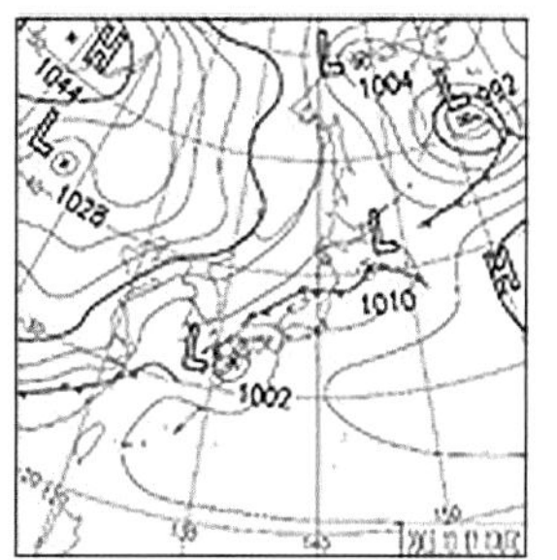

2003 年 10 月 12 日の天気図（気象庁）

2003 年 10 月 12 日は、日本海南部を前線が横切り、南から湿った暖かい空気が流れ込んで、福岡では日中の最高気温が 30.5℃まで上昇した蒸し暑い日でした。

上空から見下ろす断続的な虹：2011 年 5 月 30 日　羽田→帯広

写真上：高角度で見下ろした地を這うような虹の断片です。虹を境にして画面左側が明るく見えるのは、水滴から出て観察者側に戻る光には、虹を作る角度より内側の領域を通るものもあり、それらが重なって弱い白色光となり視線に届くためです。

写真左：雲上に見えるぼやけた円弧の一部は、白虹（雲虹）です。雲を構成する水滴のサイズが雨粒より小さいため虹よりも色が薄くなり、外側が赤く内側が青くわずかに色づいています。虹と同様に中心側の領域が明るく、外側の領域が暗く見えています。

白虹（しろにじ）：2010 年 7 月 29 日　羽田→福岡

3. ハロ（Halos：暈など）

ハロは、大気中の氷晶がプリズムとなって太陽光を屈折・反射させ、観察者から見て太陽を中心とする決まった方向に光が集中して見える現象です。六角板状や六角柱状の氷晶のどの面に光が出入りするかによって、プリズムの面のなす角度に60°と90°の違いができます。また空中に浮かぶ氷晶の向きの揃い方や、氷晶の面と光線のなす角度の違いによって、様々なハロがそれぞれ特定の方向に現れます。太陽を中心として視角度でおよそ22°または46°離れた方向に出現する光の環は、暈または日暈とも呼ばれます。氷晶の向きが揃っているとき特定の位置に出現する様々な光の弧はアークと呼ばれます。氷晶の形にはピラミッド状の端部を持つものもあり、複雑な光の経路に応じた様々なハロが出現することが知られています。ハロは虹色の色彩を帯びることがありますが、色づきの順番は虹とは逆に、円弧の外側が青、内側が赤になります。高空では、対流圏下層の雲に遮られることなくハロを観察できる機会が多いようです。

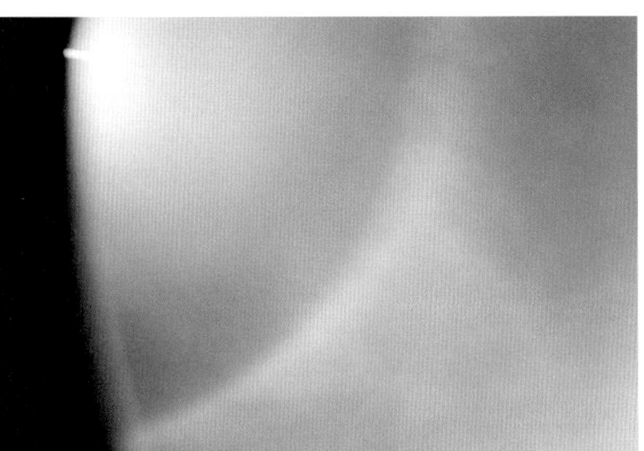

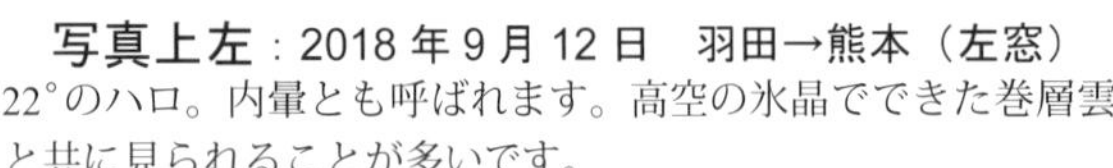

写真上左：2018年9月12日　羽田→熊本（左窓）
22°のハロ。内暈とも呼ばれます。高空の氷晶でできた巻層雲と共に見られることが多いです。

写真上右：2009年7月29日　羽田→神戸（左窓）
22°のハロ。内側が赤く外側は白みを帯びています。

写真中左：2010年11月25日　羽田→熊本（左窓）
22°の輪より外側が比較的明るく見えるのは、輪を作る光の経路がなす角度の最小値22°より大きい角度で氷晶から出る光線が視線に入るためです。

写真中右：2013年6月28日　羽田→伊丹（左窓）
22°のハロ、その外側に微かに見える46°のハロ（外暈）の下端に環水平アークというハロが見えます。90°のプリズムの効果で生まれるハロです。

写真下：2013年6月28日　羽田→伊丹（左窓）
46°のハロに接する色鮮やかな環水平アークです。環水平アークが出現するのは太陽高度が58°以上の時です。日本の本州付近では、おおよそ5月から8月の真昼前後になります。

4. 幻日（げんじつ）（Sundog）

幻日はハロの一種で、大気中でほぼ水平の姿勢を保って浮かんでいる六角板状の氷晶の側面を通る光の屈折によって出現します。見える方向は、観察者から見て太陽を中心に、水平方向の左右に視角度で約 22° 離れた位置またはそのすぐ外側です。22° のハロを作る氷晶が同時にあれば、ハロの弧の一部として見えることもあります。白っぽい光の帯が太陽と左右の幻日を結び、さらにその外側に尾を引いて連続して空を一周する幻日環は、稀に出現します。

幻日はしばしばかなり明るく輝き、色づきも鮮やかになることがあります。高空で見る幻日は、空気が澄んでいることから、地上で見るより色鮮やかであることが多いように思われます。

写真上左：2004 年 5 月 3 日　丘珠→函館（右窓）
雲間の青空を背景に、一瞬、太陽の左側の幻日が現れました。

写真上右：2010 年 10 月 29 日　羽田→広島（左窓）
太陽高度が高い時には、幻日は 22° のハロから少し離れた方向に出現します。

写真下左：2019 年 9 月 6 日　羽田→福岡（右窓）
明るい幻日が外側に白い尾を引いています。太陽は画面の左外側にあります。

写真下右：2014 年 7 月 31 日　ハノイ→羽田（左窓）
太陽の左側の幻日が 22° のハロの一部として見えています。画面中央部には、微かに 46° のハロが見えているようです。

5. 映日（えいじつ）（Subsun）

映日は、空に浮かぶ無数の氷晶が鏡のように太陽光を反射し、眼下の空中に明るく輝く太陽の鏡像を結ぶ現象です。光を反射する六角平板状の氷晶の上面や底面または六角柱状の氷晶の側面の向きがほぼ水平に揃うと、太陽の像は1点に集中し、面の向きに少しばらつきがあると長く伸びて見えます。光の経路にプリズムのような分散の効果がないため、映日は色づくことはありません。映日が見える方向は、飛行機から太陽を見上げる角度とちょうど同じ角度だけ水平線から下向きに離れた場所です。映日は日中に高空の雲上を飛ぶときには、太陽が見える側の窓から比較的良く目にすることができます。

写真上左：200
年12月18日
羽田→伊丹（左窓）
空中の氷晶の面の向きが水平面から少しばらついているときには縦長の少しぼやけた映日になります。

写真上右：201
年11月25日
羽田→熊本（左窓）
雲が無くても空中に十分な数の氷晶があれば映日が出現します。背景の陸地は佐田岬半島です。

写真下左：201
年12月21日
羽田→神戸（左窓）
小さく輝く映日です。太陽の下方に22°のハロの弧の一部が見えています。

写真下右：201
年10月15日
羽田→帯広（右窓）
映日と太陽の間に色づいた22°のハロが見えます。弧に接する白く明るい部分には下部タンジェントアークというハロが見えているようです。

6. 映幻日（Subparhelia）

（えいげんじつ）

映幻日は、映日から左右に約 22° 離れた方向に見える斑状に輝く虹色のハロです。幻日と同様に、ほぼ水平に空中に浮かぶ六角平板状の氷晶の側面を通る光の屈折によって出現しますが、光線の経路に底面での反射を含むため、水平線より下方に見えます。水平線を挟んで真上に幻日が見えることもあります。

映日の右隣に出現した映幻日（画面中央）: 2016 年 11 月 10 日　羽田→福岡（左窓）

長く伸びた幻日の真下に出現した映幻日 : 2018 年 9 月 16 日　成田→サンフランシスコ（左窓）
窓枠に隠れていますが、幻日の右には本物の太陽が、映幻日の右には映日が見えていたはずです。

7. 光芒（Crepuscular and Anticrepuscular rays : 薄明光線、反薄明光線）

光芒は、雲の隙間などを通った太陽光線を空中の微小な水滴などが散乱して明るく見える領域と、その周囲の暗い領域とのコントラストが生じることによって、筋状の光の模様が作り出される現象です。

倉敷市上空の光芒　遠景は瀬戸内海と四国：2010 年 10 月 29 日　羽田→広島（左窓）

2010 年 11 月 26 日　福岡→中部セントレア（右窓）

2008 年 8 月 4 日　羽田→伊丹（左窓）

写真上：雲間から延びる光芒が縞模様のカーテンのように見えます。光の筋が放射状にみえるのは、太陽から届くほぼ平行な光線が画面奥の上方から手前に向かって照射されていることによる遠近効果（遠くの物は縮んで見える）です。

写真下左：遠方の空中から、太陽光の照射に直交する方向で光芒の筋を見ると、ほぼ平行に見えることもあります。この光芒を地上から見れば、手前に放射状に広がって見えるはずです。背景は、紀伊半島の周参見・江須崎付近の海岸です。

写真下右：日没が近づいて高度を下げた太陽は撮影者の背後にあります。夕照に輝く雲の隙間から、太陽と反対方向に延びて収束する光芒（反薄明光線）が見えます。画面左手から暗い領域が右手に伸びて見えるのは、地球影（142 ページ参照）ではなく、光を通しにくい層状の雲が飛行機とほぼ同じ高さにあり、飛行機の背後から視線方向に拡がっているために生じた影による闇だと思われます。

8. 機影と雲の影（Shadows）

大型旅客機の機影は、機体から 1km ほど離れると本影部分が消失し、形のぼんやりした影が地表付近や薄雲の中に見えることがあります。これらの影の中には、地面や海面、雲の表面に平たく張り付いて見える影法師ではなく、大気中の水滴などの微粒子が太陽光を散乱して明るくなる領域と、光が機体に遮られて散乱光が少なくなる領域のコントラストで生じる立体的な影もあります。時折、胴体や翼の延長方向に影が伸び縮みするように見えるのは、平たい影法師の大きさが変わるのではなく、空中の微粒子を含む層の厚さや空中の微粒子の濃淡が変化することで、明暗の境界が搭乗機に向かって伸び縮みするのを見通しているためです。

海面付近の機影：2006 年 2 月 20 日　羽田→稚内

空中の機影：2014 年 10 月 10 日　羽田→那覇

遠方の機影と地上に向かう雲影：2019 年 11 月 12 日　羽田→福岡

9. 飛行機雲（Contrail）

飛行機雲は、エンジンから排出される排気ガスに含まれる水蒸気が、周囲の大気に冷やされ、空中の微粒子を凝結核として雲粒になったものと考えられています。飛行機雲が発生する条件は、排気ガスの熱量と水蒸気の量、周囲の大気の温度・気圧・相対湿度などで決まり、気温約−30 〜−40℃以下、高度数千 m 以上の高空にほぼ限られます（翼端付近の気流の効果で低空で発生する雲もあります）。機体の斜め後ろから太陽光が照射しているときには、搭乗機に先行して飛ぶような機影を頭にした飛行機雲の影が見られることもあります（写真上）。

搭乗機の機影と飛行機雲の影：
2006 年 1 月 18 日　羽田→新千歳（左窓）

すれ違った対向機の飛行機雲：2003 年 4 月 22 日
羽田→帯広（左窓）

搭乗機から見下ろした他機の飛行機雲とその影：2010 年 10 月 13 日
羽田→福岡（右窓）
地上の影は、飛行機雲の向こう側に落ちているのでしょうか。それとも手前側でしょうか？

10. 対日点効果（Opposition effect）

対日点効果は、観察者から見て太陽の正反対の方向の地表面付近が周囲よりも明るく見える現象です。機上から見ると、対日点の周囲には斑状の明るい領域が見え、飛行機の動きに合わせて地上をなぞるようについてきます。地球上で地表が明るく輝く原因としては、対日点付近の地表では物体の陰影が真後ろにできるため、その周辺で暗がりが見える領域が少なくなる効果のほか、地表の露などからの反射光や、空中にある微小な水滴からの散乱光など、太陽の方向に戻る光が視線に届く効果などが考えられます。陰影の効果が強い場合が多いように思われます。

機影を映す草地に見られた対日点効果：2009 年 4 月 16 日　新千歳→旭川（右窓）

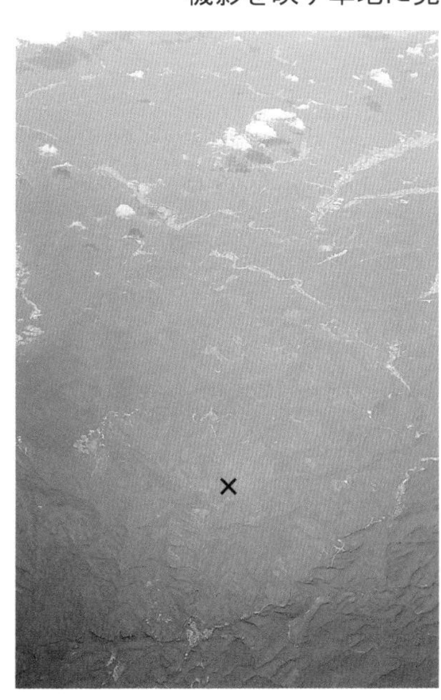

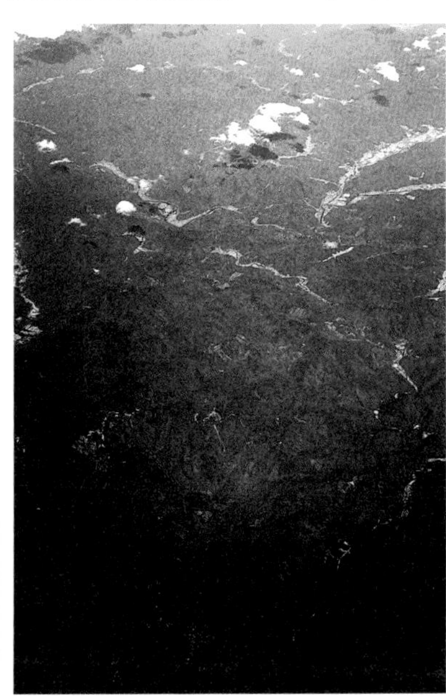

左写真：山地斜面の対日点効果　×印が対日点　2007 年 10 月 17 日
羽田→神戸（右窓）　背景は京都北部高雄山神護寺付近

右写真：明暗を強調すると楔形の明るい領域が見えてきます。遠方が明るく白味を帯びているのはエアロゾルを含む大気を斜めに見通す時の散乱光の効果が大きいからかもしれません。

上写真：縦筋の付いたウッドデッキ上の人影が構えたカメラ周辺に明るい領域があります。

下写真：明暗を強調した画像では明るい領域が楔形に広がって見えます。

11. 黄昏と日没（Twilight and Sunset）

機上で体験する昼夜の境界は、地上とは違った味わいがあります。地上が次第に暗闇に覆われ街の灯火が増えていく間も、高空ではまだ鮮やかな夕陽が残り、西の低い空の色は赤みが強くなる一方、上空は深い青みを帯びてゆきます。澄んだ大気の中でその対照は地上より鮮やかなことが多いようです。

写真右：誘導路上を滑走路端に向かう機上から、先に離陸した2機の飛行機が見えました。地上は既に日没を迎えましたが、上空の先行機は残照の中を目的地に針路を向けて飛んでいます。この日の日没は地上では16時45分頃でしたが、高度500mではその約4分後、2000mでは約8分後、5000mでは約13分後になります。離陸したばかりの機の高度には既に陽光は届いていませんが、上昇を続けて旋回を終える頃には、沈む夕日がもう一度機窓から見えることでしょう。

写真下：日没後の東の地平線からゆっくりと立ち上る黒ずんだ地球影は、夜空の始まりの部分です。高空から望む地球影は、直下の地表で見るより少し早く見え始めます。大気下層部は微小な水滴やエアロゾルの放つ散乱光で白く霞んだ帯となり、その上に地球影の黒ずんだ帯、さらに夕照を散乱する薄紅色の帯が澄んだ大気上層を通して鮮やかに見えます。地表は間もなく闇に覆われます。

上空の残照：2006年10月20日　新千歳空港

日没の時に東の空に昇ってくる地球影（ちきゅうえい）：2003年10月15日　羽田→新千歳（右窓）
（左）福島盆地上空　（右）左写真の約5分後、地球影の厚みが増し上空の赤みも黒ずんできました。

郡山市上空の残照と地上の夜景：2002 年 10 月 22 日　帯広→羽田（右窓）
地表は闇に沈み、 雲海の表面は高空の残照からの散乱光で青く染まって見えます。

日没の空と樽前山・支笏湖・羊蹄山、苫小牧市の夜景：2018 年 9 月 8 日　新千歳→羽田（右窓）
近傍の雲は遠方から届く赤みが強い光と高空から届く青い散乱光に照らされ、紫色を帯びて見えます。

忍者富士：2022 年 5 月 10 日　伊丹→羽田（左窓）
S 駿河湾、F 富士市街、N 沼津市街、M 三島市街、G 御殿場市街

日没後の伊豆半島上空から富士山の方向を撮影しました。地上は既に闇に沈んでいます。地平線付近の遠方から届く光は青い成分が失われ、天頂方向の大気からの散乱光を遮る雲の下を通り抜ける間に、赤みが強まっています。雲の上では、わずかに残る太陽光に高空の大気が照らされて、青い散乱光を近傍に放っています。

さて、富士山はどこにあるでしょうか？　同じ写真を画像処理ソフトで明るさを強調したのが右の写真です。

コラム：定期便の機窓を楽しむ本

空から見た日本の自然や社会を解説する書籍は、第２次世界大戦以前では、1930 年前後に新聞社から発行された写真集のほか「日本・風土と生活形態（小田内通敏、1931）」などがあります。戦後になって 1952 年のサンフランシスコ平和条約公布後、再び日本人の手で日本の空が飛べるようになると、新聞社や出版社などが小型の航空機から撮影した斜め写真に解説を付けた書籍を次々と刊行しました。1960 年代までに日本列島の空撮景観がひととおり出揃うと、1970 年代以降は、地形・歴史・産業などのテーマ別に、測量用に撮影された空中写真も使いながら、詳しい景観の解説や土地利用の変遷を示した書籍、自治体や都市ごとの空撮写真集などが多数刊行されました。また、写真家による空撮山岳写真集なども刊行されました。2020年以降でも、地形や建物の見どころをモーターグライダーなどによる低空撮影で紹介する書籍や、防災に関連する地形・地質景観を解説した専門書の刊行が続いています*。

定期便からの機窓景観については、空の旅が普及するにしたがって、旅行記や写真の撮り方の記事が雑誌などに掲載されてきましたが、単行本としては雲の写真集が先行し、地表面の景観をまとめて解説した書籍の刊行は、2001 年以降になりました。2003 年には飛行ルートと合わせた機窓ガイドが刊行され、その後何度か版を改めています。最近の書籍では、日本や世界の名山を集めて紹介した写真集が刊行されています。また気象関係の普及書の中には、旅客機から撮影した雲や大気光象の写真を紹介しているものもあります。

海外では、1968 年に刊行された Elizabeth A.Wood の「Science For the Airplane Passenger」が、景観写真は少ないものの、先駆け的著作として版を重ね、早くから邦訳もなされています。最近でも、空の旅のあらゆる場面で体験できる自然科学の解説や、機窓から見る大気光象を取り上げた書籍などが刊行されています。

書籍のほかにも、現在ではインターネット上の運航会社のホームページ、ストックフォトアーカイヴや様々な SNS のサイトに、旅客機の窓から撮影した鮮やかな写真がたくさん紹介されており、手軽に美しい景観を目にすることができて楽しめます。
(S.M)

表１　定期便から見た景観の参考となる主な書籍 **

主題	書　名	発行年	著　者	刊行元
定期便の機窓景観	空の旅の自然学－定期便から見た風景	2001	桑原啓三・上野将司・向山　栄	古今書院
	高度１万メートルからの地球絶景	2003	杉江　弘	講談社
	高度１万メートルから届いた世界の夕景・夜景	2015	杉江　弘	成山堂書店
	機長の絶景空路　羽田＝札幌・大阪	2016	杉江　弘	イカロス出版
	空撮　ヒマラヤ越え　山座同定	2019	中村　保	ナカニシヤ出版
	旅客機から見る日本の名山	2019	須藤　茂	イカロス出版
	旅客機から見る世界の名山	2021	須藤　茂　編著	イカロス出版
	新版　空の旅の自然学	2023	桑原啓三・上野将司・向山　栄	古今書院
国内線機窓ガイド	フライトナビ　国内線ルート＆機窓ガイド	2003	解説：結解喜幸	イカロス出版
	フライトナビ　国内線ルート＆機窓ガイド　最新版	2005	解説：結解喜幸	イカロス出版
	フライトナビ　国内線ルート＆機窓ガイド　改訂新版	2008	解説：結解喜幸	イカロス出版
	フライトナビ　ビジュアル　日本の機窓 100 景	2009	解説：徳光　康、ルーク・オザワ	イカロス出版
	フライトナビ　国内線ルート＆機窓ガイド	2011	解説：徳光　康	イカロス出版
	フライトナビ　国内線機窓ガイド	2015	解説：徳光　康	イカロス出版
	フライトナビ　国内線機窓ガイド 2021 改訂新版	2021	解説：徳光　康	イカロス出版
空の旅の科学	Science For the Airplane Passenger	1968	Elizabeth A. Wood	Ballantine
	空の旅　科学読本	1970	Wood（1968）の日本語版、河村竜馬 訳	東京同文書院
	Science from Your Airplane Window	1975	Wood（1968）の増補版	Dover Pubns
	Window Seat: Reading the Landscape from the Air	2004	Gregory Dicum	Chronicle Books
	Inflight Science: A Guide to the World from Your Airplane Window	2011	Brian Clegg	Icon Books
	Optics in the Air: Observing Optical Phenomena through Airplane Windows	2017	Joseph A. Shaw	Society of Photo Optical
気象・大気光象	雲　高度一万米の素顔	1982	石崎秀夫　監修	日本航空協会
	高度１万メートルから見た雲たち	2000	今井正子・綾一	成山堂書店
	空撮　世界の雲の風景	2007	山田圭一	成山堂書店
	雲のかたち　立体的観察図鑑	2013	村井昭夫	草思社

＊空撮九州 トンビの視た大地のかたち（岩尾雄四郎、2020、海鳥社）
図説 空から見る日本の地すべり・山体崩壊（八木浩司・井口　隆、2022、朝倉書店）
＊＊これらの書籍の中には現在は入手しにくいものもありますが、図書館や古書店などでは手に取って見ることができるでしょう。

用語説明（地形・地質編）

あ　行

安山岩：表 2 参照。

糸魚川静岡構造線：フォッサマグナ*の西縁にあって、糸魚川－松本盆地－諏訪湖－韮崎－静岡と本州をほぼ南北に横切る大断層。地質的にこの断層を境に東側を東北日本、西側を西南日本という。

ウバーレ：ドリーネ*がいくつか連結したもの。

沿岸トラフ：砂浜海岸に沿って海底の表面に発達する緩やかな溝状の凹地。波の力により位置が変わる。

沿岸底州：沿岸トラフの沖の海底の表面に発達する砂礫の高まり。波の力により位置が変わる。

溺れ谷：陸上の河川が地殻変動や海水準の上昇によってそのままの形で沈水した谷。山地が沈水してできた海岸の多くはリアス海岸*となる。

か　行

海跡湖（潟湖、ラグーン）：図 1 参照。

外輪山：カルデラ*を取り巻く山地。

海釜：瀬戸や海峡など狭水道で速い潮流によってできる凹地。河川の急流部でできる甌穴（おうけつ）（ポットホール）と同様の成因でできる。

花崗岩：表 2 参照。

花崗閃緑岩：花崗岩と閃緑岩の中間的な成分を持つ岩石。

河川争奪：分水界を挟む 2 つの河川のうち、どちらか片方の河川の浸食力が強いと分水界を超えて浸食し、浸食力の弱い河川の支流や本流を奪う現象のこと。

海食崖：海に面する山地や台地が海食によって形成された急崖。

火口湖：火山の噴火口に水をたたえて生じた湖。

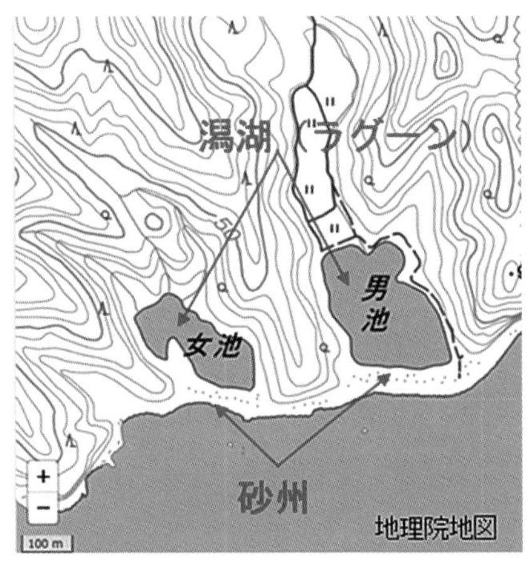

図 1　砂州、潟湖（ラグーン）

火砕流堆積物：火山の噴火に伴い、火山灰や火山礫などが高温の火山ガスとともに一団となって高速で山の斜面を流れ下った堆積物。

火砕流台地：火砕流堆積物*が侵食され残った部分で、堆積時の比較的平滑な地形面をなす。

火山岩：表 2 参照。

火山灰：直径 2mm 以下の固体の火山噴出物 。

火山噴出物：火山の噴火によって地表に噴出した物質の総称。溶岩、火山灰、火山礫、火山岩塊、火山弾、軽石、火山ガスなど。

活断層：最近の地質時代*に繰り返し活動し今後も活動する恐れのある断層。

カルデラ：火山性の火口状凹地で、直径が 2km より大きいもの。

岩屑なだれ：山体の一部が崩れて一団になって斜面をなだれる現象。

岩盤崩壊：海食崖*などの岩盤の急崖斜面において、緩んで開口した割れ目から岩塊が分離して落下する崩壊。

岩脈：主に火成岩*が層理面*などを切るなどして貫入したもの。

キャップロック型地すべり：すべり土塊となる新第三紀層などの上に、玄武岩*や熔結凝灰岩*などのように割れ目があって水を通しやすい岩盤が載っているとその岩盤の重みと浸透した水によって生じる地すべり*。

基盤岩：上位の地質に対して時代や物性の著しく異なる下位の地質。

裾礁:サンゴ礁は裾礁、堡礁、環礁の 3 種に大別される。裾礁は陸に接して発達し、陸との間には浅い海（礁池）がある。図 2 参照。

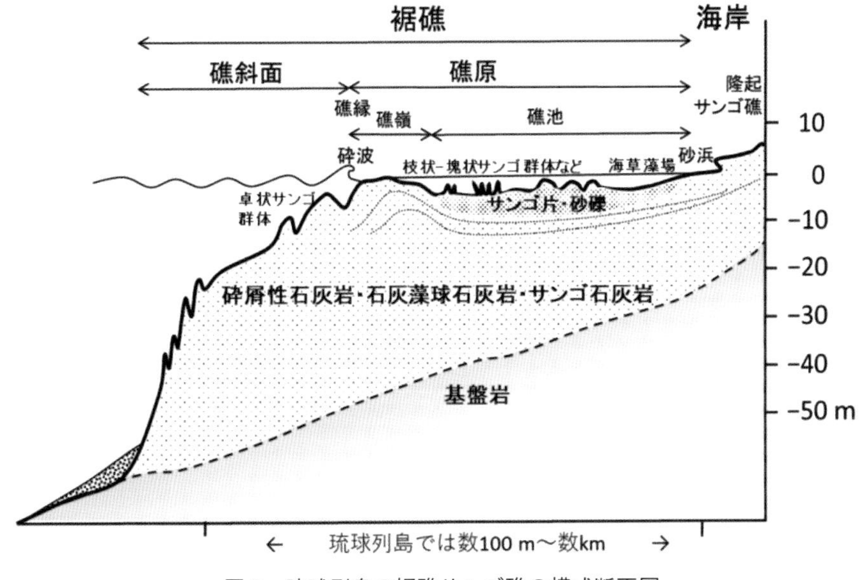

図 2　琉球列島の裾礁サンゴ礁の模式断面図

傾動：断層運動によって断層の片側の岩盤が緩やかに傾くこと。傾いた岩盤を傾動地塊という。

圏谷（カール）：氷河による侵食により形成された地形で、斜面がスプーンでえぐり取られたような形状をなし、半円形の急な谷壁とそれに囲まれた緩斜面からなる。

高層湿原：寒冷多湿の地域に生息するミズゴケ等の植物によって形成される湿地草原。

後背湿地：自然堤防*や砂丘*などの微高地の背後にできた低平地。

谷底低地：沖積低地*の一種で、狭長な谷間の低平地。

構造線：大規模な断層や断層群。

古代湖：湖沼は周辺からの流入土砂により一般に数千年から数万年で消滅するが、数十万年以上存在している湖を古代湖という。

混在岩（メランジュ）：泥岩や砂岩など様々な岩石が破断・変形した構造を有する地質体。

さ　行

砂丘：風によって運搬された砂が堆積して形成する丘や堤状の地形。形成される場所によって内陸砂丘・海岸砂

図 3　陸繋島、陸繋砂州（トンボ路）

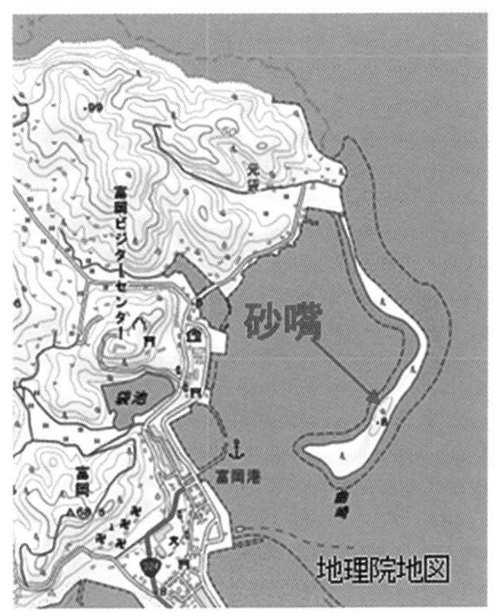

図 4　砂嘴

用語説明

丘・河畔砂丘・湖畔砂丘などに分類される。

砂州:沿岸流などの作用で堆積した砂などからなる細長い微高地で、沿岸州、砂嘴*、浜提*を含む総称。図 1、図 3、図 4 参照。

三角州：河川が運搬した砂泥が河口付近に堆積した低平な堆積地形。

残丘：浸食がすすんで小起伏の地形になっても周囲よりも岩盤が固いため侵食から取り残された孤立した山。

山体崩壊：火山体などが水蒸気爆発*や地震動などの原因で急激かつ大規模に破壊されて発生する巨大な崩壊。

自然堤防:河川によって運搬されてきた土砂が、洪水等の際に河道の周囲に沿って堆積して形成された微高地。

シラス台地：南九州に広く分布する白色で粗しょう火山噴出物（シラス）からなる台地。

衝上断層：下位の地質が上位の地質の上に中〜低角度でのし上げた逆断層。

礁池：裾礁型サンゴ礁と陸との間にある浅い海。図 2 参照。

深層崩壊：基盤岩*に崩壊面を持つ大規模な崩壊。

水蒸気爆発：マグマから分離した水蒸気や、マグマが地下水を加熱して生じた水蒸気が 高温高圧となって爆発的に噴火する現象。

スコリア丘：発泡して多孔質になった黒色の火山砕屑物からなる小火山体で、多くのものは単成火山*。

成層火山：熔岩流と火山砕屑物の互層からなる火山で、一般に円錐形の整った山体を成す。

堰止湖：地すべり*や崩壊などによって河川が堰き止められてできた湖沼。

石灰岩：表 2 参照。

先行河川：川の流域の一部が地殻変動によって隆起したときに川の浸食力が強いために前の流路を維持して流れる河川。

線状凹地：稜線にほぼ平行する凹地で、主に山体の重力による変形でできる。

扇状地：山地部を流れてきた河川が平野に出るとそれまで運んできた土砂を堆積するが、川は流路を変えて流れるので、平地への出口を頂点として扇状に形成された堆積斜面をいう。

走向と傾斜：層理面*や節理面などが水平面と交わる方向を走向といい、これに直交する水平面となす角度を傾斜という。

層理面：堆積物や堆積岩*にみられる地層の境界面。

組織地形：浸食によって地質構造や岩石物性の違いで生じた差別侵食地形で、ケスタやメサなどがある。。

側火山：寄生火山ともいい、大きな火山の側面にある小さな火山体。単成火山*が多い。

た 行

堆積岩：表 2 参照。

段丘（面）：海岸や河川の侵食で形成された平坦な地形が隆起して現在の海岸や河床より高くなった地形。図 5 参照。

段丘崖：段丘を縁どる急斜面。図 5 参照。

単成火山：1 回の火山活動によってできた火山。

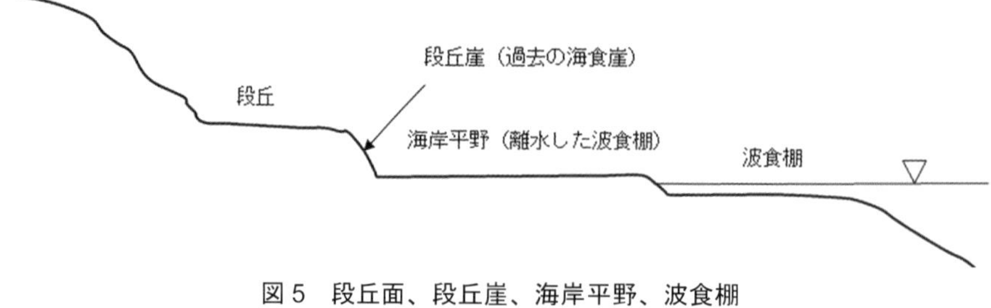

図 5　段丘面、段丘崖、海岸平野、波食棚

断層線谷：断層破砕帯が浸食されて生じた谷。
地下ダム：コンクリートや鋼鉄製の地中壁で地下水の流れをせき止めて、水を通しやすい地層の中に地下水を貯留するダム。
地溝帯：両側を断層で区切られた細長い低地。
地形輪廻：地形は隆起して持ち上げられた地形面が浸食されていくが、最初は持ち上げられた面が広く残っている地形（幼年期）、浸食がすすみ鋭い尾根線を持つ地形（壮年期）、さらに高度が低くなり、尾根も丸く緩やかな地形（老年期）、最後にまた小起伏面（準平原）となる。小起伏面がまた隆起して浸食が始まるが、この一連の地形変化を地形輪廻という。
地すべり：斜面内部にすべり面を持ち、その上の地塊が比較的ゆっくりと活動する現象。
中央火口丘：カルデラ*や火口の内部に出来た火山体。
中央構造線：関東地方西部から四国の西端部にかけて続く、一連の断層群による大規模な地質の境界線。
沖積平野（低地）：河川の堆積作用によって形成された平野で、主に軟弱地盤*が分布する。
土石流：岩屑と土砂と水が混じって一体となり、谷筋に沿って流れ下る現象。
ドリーネ：カルスト地形の1種で、石灰岩*が雨水や地下水による溶食や陥没してできたすり鉢状の穴。
ドロマイト：表2参照。
トンボロ（陸繋砂州）：図3参照。

な　行

軟弱地盤：沖積平野や谷地などに分布する軟らかい粘性土や緩い砂などの地盤。
年縞堆積物：静穏な水域で、季節的変化により供給される堆積物が変化して生じる1年毎の縞状堆積物。

は　行

背斜と向斜：図6参照。
背斜は堆積岩が横方向に圧縮されたとき、山状になって軸部(尾根部)の両翼が垂れ下がったような構造。軸部に最も古い地層が、軸部から離れるにしたがって若い地層が分布する。向斜はこの逆。

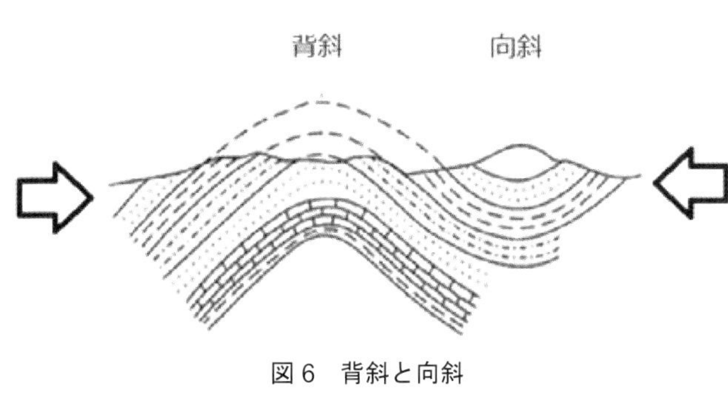

図6　背斜と向斜

爆裂火口：爆発によって火山体の一部が吹き飛ばされて生じた凹地。
波食棚：図5参照。
浜堤：波浪によって海岸線の内側に砂などが堆積してできた高まり。
表層崩壊：斜面表層の厚さ1～2mの浅い崩壊。
VEI：火山爆発指数（Volcanic Explosivity Index）で、火山の爆発による噴出物の堆積によって決められる爆発規模の区分で、VEI＝0から8に区分される。VEI＝0は0.00001 km^3 以下で、VEI＝1は0.00001～0.001 km^3、VEI＝2以上はVEIが1上がるごとに10倍となる。
風穴：気温と地中温度の差により、崖錐斜面などで気温と異なる温度の空気が噴き出す洞窟や隙間。
付加体：海洋プレートが大陸プレートの下に潜り込む際に海洋プレートで運ばれてきたプレート上の堆積物が剥ぎ取られてできた地質。多くは混在岩（メランジュ）*となる。
フォッサマグナ：本州中央部を横断する大規模な構造帯で、西側は糸魚川静岡構造線*で限られ、東側は不明瞭で新潟県柏崎市と千葉県銚子市を結ぶラインなどが提唱されている。フォッサマグナ内には箱根山、富士山、浅間山、八ヶ岳、妙高山などの活火山がある。

閉鎖湖：流出河川の無い湖。

ま 行

埋没林：地上に存在していた森林が火山噴火、土砂崩れ、地殻変動や気候変動による海水準の変動などによって埋積されたもの。富山湾の埋没林は海水準の変動によって形成された。

マイロナイト：圧砕岩。地下深部の高温状態で壊れることなく変形した岩石。表 2 参照。

無能谷：河川争奪が起こると奪われた河川は谷幅に比べ流量の少ない河川となる。この河川を無能谷や無能河川という。

網状流：砂礫からなる中州によって、網の目状に分岐・合流を繰り返す河川の流れ。

や 行

遊水地：洪水時に増水した河川水を一時的に貯水して、河川の水位を調整する場所。

溶岩(熔岩)円頂丘(溶岩ドーム)：粘性の高い熔岩が上昇してできるドーム状の火山。昭和新山がその例である。

熔岩堤防：熔岩流の両側端に生じた堤防状の高まり。

熔岩平頂丘：熔岩円頂丘と同様に比較的粘性の高い熔岩が噴出して形成されるが、山頂部がおおむね平坦な形状の火山。

熔岩流：岩石を構成する物質が溶融状態のまま地表に流れ出たもの。

熔岩流原面：熔岩流が定着した後、表面の浸食が進まずに平滑さを残している地形。

ら 行

リアス海岸：山地が沈降して谷であった部分に海水が入り込み、海岸線が複雑に入り組んだ地形。

陸繋島：図 3 参照。

リニアメント：谷、崖、鞍部、などの地形が直線的に配列している地形の線状構造。

隆起準平原：地形輪廻*の中で侵食された小起伏面（準平原）が隆起した地形。

表1　地球史年表

累代	代	紀	世	絶対年代（百万年）	主な出来事
顕生累代 Phanerozoic	新生代 Cenozoic	第四紀 Quaternary	完新世	0.01	
			更新世	2.58	
		新第三紀 Neogene	鮮新世	5.33	人類誕生 日本列島成立　ｱﾙﾌﾟｽ造山運動
			中新世	23.0	日本海の発生
		古第三紀 Paleogene	漸新世	33.9	
			始新世	56.0	インド、チベットに衝突
			暁新世	66.0	最初の霊長類原猿類
	中生代 Mesozoic	白亜紀 Cretaceous	後期	100.5	恐竜など生物大絶滅
			前期	145.0	被子植物出現
		ジュラ紀 Jurassic		201.3	恐竜全盛 始祖鳥
		三畳紀 Triassic		251.9	ほ乳類の誕生 ｱﾝﾓﾅｲﾄ繁栄　超大陸パンゲア
	古生代 Paleozoic	二畳紀（ペルム紀） Permian		298.9	生物大絶滅　アフリカスーパープルーム誕生 バリスカン造山運動
		石炭紀 Carboniferous	ペンシルバニア紀	323.2	
			ミシシッピ紀	358.9	爬虫類の出現
		デボン紀 Devonian		419.2	両生類・裸子植物の出現 最初の陸上植物（4億年前） 魚類の繁栄
		シルル紀 Silurian		443.8	カレドニア造山運動
		オルドビス紀 Ordovician		485.4	日本最古の化石 魚類誕生
		カンブリア紀 Cambrian		538.8	三葉虫
先カンブリア時代（隠生累代） Precambrian (Cryptozoic)	原生代 Proterozoic			2500	海水の逆流開始　ロディニア分裂（7.5億年前） 全球凍結（7、6.5億年前）　超大陸ロディニア 超大陸バルティア 最初の超大陸ヌーナ（19億年前） 日本最古の岩石（20億年前） 最初の全球凍結(22億年前)
	太古代 Archean			4000	マントル対流の開始（27億年前） 生命誕生(35億年前) 最古の岩石（40億年前）
	冥王代 Hadean			4600	プレート運動開始（40億年前） 海洋の誕生
地球誕生					

時代区分・絶対年代は　Internationl Commission on Stratigraphy 2022.02 による。

表2　岩石の分類表

火成岩の分類

化学成分 / 産出状態		SiO₂ ← 66% ↔ 52% ↔ 45% → 白色 ←→ 黒色			
		酸性岩	中性岩	塩基性岩	超塩基性岩
浅	火山岩	流紋岩	安山岩	玄武岩	
↕		石英斑岩	ひん岩	輝緑岩	
深	深成岩	花崗岩	閃緑岩	斑れい岩	かんらん岩

堆積岩の分類

砕屑岩	礫岩、砂岩、泥岩など
生物岩	チャート、石灰岩、石炭
化学岩	白雲岩(ドロマイト)、蒸発岩(岩塩、石膏)など
火山砕屑岩	火山角礫岩、凝灰角礫岩、凝灰岩など

変成岩の分類

変成作用	変　成　岩
接触変成作用(熱変成作用)	接触変成岩(ホルンフェルス、大理石など)
広域変成作用	広域変成岩(結晶片岩、片麻岩など)
動力変成作用	動力変成岩(マイロナイト、カタクラサイトなど)

蛇紋岩(ここでは変成岩としてあつかう)

用語説明（大気光象、その他）

あ 行

エアロゾル：空気中に浮かぶ極微小な塵（液体または固体の粒子）とその周りの気体とが混ざったもの。

か 行

逆転層：大気中の温度の分布が、上空へ行くほど低くならず逆に高くなるような空気の層。冷えた地表に暖気が流れ込んだり、風のない晴れた夜空に熱が逃げて地表面が冷えたりすると発生する。逆転層内部では空気の混合が起こりにくく大気汚染物質などが溜まりやすい。

光輪：対日点を中心としてその周囲の雲粒子が太陽光を散乱して見える色づいた光の輪

さ 行

散乱：空気の分子やエアロゾルの粒子によって光の進行方向が変えられること。

白虹：虹を作り出す水滴の大きさが雨粒より小さい雲粒子などの場合に現れる、鮮やかな色のつかない虹。雲虹ともいう。

成層圏：地球の大気層のうち、対流圏の上端から高度約 50km までの領域。

た 行

対日点：太陽を背にして太陽と正反対の方向に延びる視線が指す点。

対流圏：地球の大気層のうち、地表から高度約 10 〜 15km までの領域。ほとんどの雲は対流圏内で発達する。

は 行

氷晶：水滴が低温のため凍結した小さな氷の粒。六角板状や六角柱状をした結晶が多い。

ま 行

ミー散乱：光の散乱を起こす粒子の大きさが光の波長に比べて同じくらいから大きい時に起こる散乱を、気象学ではレイリー散乱と区別してミー散乱と呼ぶ。光が散乱される強さは波長（色の種類）に依らない。ミーは人名で、20 世紀の初めに球形の微粒子による電磁波の散乱を数学的に説明する理論を確立した科学者の名。

ら 行

レイリー散乱：光の散乱を起こす粒子の大きさが光の波長に比べて十分小さい時に起こる散乱。短い波長の光（紫〜青）がより強く散乱される。レイリーは人名で、この現象を発見し説明した 19 世紀後半に活躍した科学者の名。

索　引

【あ　行】

【か　行】

【さ　行】

【た　行】

あとがき

20 年以上前に『空の旅の自然学』を出版しました。当時は高級なデジタルカメラもなく、コンパクトカメラで撮ったものに地学的なちょっとした説明をつけたものでした。プロのカメラマンと違い、定期便の窓越しに撮影した写真で稚拙なものでしたが、恐らく世界初ではなかったかと思います。出版後某出版社からどの路線に乗ればどこそこが見えるという本が出たり、こちらの写真のほうが良いとか文章がよいとかということで類似の本が何冊か出版されました。

本書は前書の続編ですが、機内から見えるものは地上の景色ばかりではない、雲の上を飛んでいると自分が乗っている飛行機の機影が見えるし、遠くに虹が見えるなど面白い自然現象が見えるということで、そのような大気光象なども加えました。他に雲なども面白い形のものもあるし、同じ地上の景色でも春の新緑、秋の紅葉、冬の雪化粧、あるいは夜の町の明かりや夏の花火など面白いものが見えます。これらも載せたかったのですがページ数の関係で割愛しました。

説明も、前書では少し硬かったようなので、平易に分りやすいようにしたつもりですが、まだ十分ではないかもしれません。説明に地形図も付けたかったのですが地形図を“読める”人が少ないということで必要最小限にしました。

地球温暖化で近年台風や豪雨などの気象現象が激しくなっており、水害や土砂災害なども増えてきています。小学校や中学校、高等学校でもっと地学のことを教えれば、地形図も読めるようになって減災や防災につながるでしょうが、如何せん特に高等学校では受験勉強に役立たないということで、地学を選択する人は極めて少ないのが実情です。

本書を手に取って出張や旅行の機内から地上の景色を見て色々なことが分かって地学は面白いということを知っていただき、もっと地学が身近になれば、これ以上の喜びはありません。

最後になりましたが、出版に当たり古今書院の関　秀明様には大変お世話になりました、深く感謝いたします。

本扉の写真　左 : 秋田空港（窓枠の写真にハメこんで配置）

右 : JR 大阪駅と周辺市街地

著者紹介

桑原 啓三（くわはら けいぞう）

1940年佐賀県生まれ。1963年広島大学理学部地学科卒業後、建設省入省。土木研究所地質官。1990年退官後、（財）国土開発技術センター技術参与、アイドールエンジニヤリング（株）、復建調査設計（株）、（株）建設環境研究所、東京農工大学農学部・東京都立大学工学部非常勤講師を歴任。現在フリー。専門はダム地質、斜面地質。

著書に「地盤災害から身を守る」（古今書院）、「ダムの地質調査」（共著、土木学会）、「堆積軟岩の工学的性質とその応用」（共著、地盤工学会）、「のり面工の施工ノウハウ」（共著、理工図書）、「空の旅の自然学」（共著、古今書院）など。

上野 将司（うえの しょうじ）

1947年東京都生まれ。1969年北海道大学理学部地質学鉱物学科卒業後、応用地質（株）入社、2017年同社退職。現在、応用地質（株）社友、岐阜大学客員教授、（株）第一コンサルタンツ技術顧問、（株）環境地質技術顧問。専門は斜面防災、博士（工学）。

著書に「危ない地形地質の見極め方」（日経BP社）、「空の旅の自然学」（共著、古今書院）、「日本の地形・地質」（共著、鹿島出版会）、「知っておきたい斜面の話」（共著、土木学会）など。

向山　栄（むこうやま さかえ）

1955年東京都生まれ。1981年北海道大学大学院理学研究科地質学鉱物学専攻修了後、国際航業株式会社に入社。現在、公共コンサルタント事業部に勤務。これまでに地熱地域の地質調査、活断層調査、ハザードマップ作成、地形解析手法の研究開発などに従事。2004年山口大学大学院理工学研究科博士課程修了、博士（理学）。

著書に、「空の旅の自然学」（共著、古今書院）、「建設技術者のための地形図判読演習帳 初・中級編」（共著、古今書院）、「トンネル技術者のための地相入門」（分担執筆、土木工学社）、「はじめての地質学」（分担執筆、ベレ出版）、「旅客機から見る世界の名山」（分担執筆、イカロス出版）など。

書　名　**新版　空の旅の自然学**
コード　ISBN978-4-7722-4234-9 C1044
発行日　2024年1月10日　初版第1刷発行

著　者　**桑原啓三・上野将司・向山　栄**

発行者　株式会社古今書院　橋本寿資
印刷所　三美印刷株式会社
発行所　株式会社古今書院
〒113-0021　東京都文京区本駒込5-16-3
電　話　03-5834-2874
F A X　03-5834-2875
U R L　http://www.kokon.co.jp/